高职高专"十四五"规划教材

太阳能光热技术与应用项目式教程

肖文平 编著

扫一扫查看全书彩图

北 京

冶 金 工 业 出 版 社

2022

内 容 简 介

太阳辐射的热能利用是开发可再生能源、推动经济绿色低碳发展的重要领域。本书以项目化的方式，全面介绍了太阳能光热应用的基础知识和主要内容。全书共分9个项目，以太阳能热利用工作原理、研发设计、安装维护、工程评估为主线，以天文学、传热学、工程学和光学等方面的相关理论知识为基础，详细介绍了太阳能热水器与热水工程、光伏光热综合利用（PV/T）、太阳能光热发电、太阳能制冷、太阳能建筑、太阳能储存及其在工农业上的应用等。

本书可作为高等职业院校新能源应用技术、光伏发电技术等相关专业的教学用书，也可供新能源开发与应用的工程技术人员和研究人员参考。

图书在版编目（CIP）数据

太阳能光热技术与应用项目式教程/肖文平编著．—北京：冶金工业出版社，2022.3

高职高专"十四五"规划教材

ISBN 978-7-5024-9027-0

Ⅰ．①太…　Ⅱ．①肖…　Ⅲ．①太阳能加热—高等职业教育—教材
Ⅳ．①TK511.2

中国版本图书馆 CIP 数据核字（2022）第 013904 号

太阳能光热技术与应用项目式教程

出版发行	冶金工业出版社	**电　话**	（010）64027926
地　址	北京市东城区嵩祝院北巷 39 号	**邮　编**	100009
网　址	www.mip1953.com	**电子信箱**	service@mip1953.com

责任编辑　王　颖　美术编辑　彭子赫　版式设计　郑小利
责任校对　范天娇　责任印制　李玉山
北京虎彩文化传播有限公司印刷
2022 年 3 月第 1 版，2022 年 3 月第 1 次印刷
787mm×1092mm　1/16；14 印张；341 千字；212 页
定价 **49.90 元**

投稿电话　（010）64027932　投稿信箱　tougao@cnmip.com.cn
营销中心电话　（010）64044283
冶金工业出版社天猫旗舰店　yjgycbs.tmall.com
（本书如有印装质量问题，本社营销中心负责退换）

前　言

　　光伏与光热是太阳能利用的两个重要分支，在光伏技术蓬勃发展的同时，光热技术也有较快的发展，很多大型的太阳能热水工程项目和兆瓦级以上的太阳能热发电项目如雨后春笋般发展起来。相比光伏利用，光热利用具有效率高、稳定性好、温度可调、易储存的特点，是光伏利用的有效补充。将太阳能热力资源应用到建筑物的取暖、制冷、空调、热水等系统中，有效降低了建筑消耗；将太阳能热力资源应用到化工、印染、海水淡化、蔬菜大棚等工农业场景，可以有效降低能耗，促进"碳达峰、碳中和"目标的实现。

　　本书全面介绍了太阳能光热应用的基础知识，先介绍了光热应用的基本原理、分类、工艺、结构、商业价值、方位角、高度角、最佳倾角、工程评估以及传热与强化传热有关的基础知识。在此基础上详细介绍了太阳能热水工程、光伏光热综合利用、太阳能光热发电、太阳能制冷、太阳能建筑、太阳能储存及其在工农业上的应用等方面的知识。详细阐述了太阳能光热各种典型应用的基本工作原理、结构设计、数理模型、实验方法、参数分析与优化，并介绍了部分典型工程案例，加深读者对光热应用技术的理解，由理论到实践并在实践中领悟、提升理论水平，符合人们认识事物的规律。本书根据太阳能光热产业和建筑节能产业的发展趋势，通过引入典型、实用、趣味性强的项目案例和实验实训环节，加深读者对太阳能光热知识的理解，加强对光热应用工程设计、维护、验收等方面的技能培养。

　　2014 年以来，顺德职业技术学院"太阳能光热技术与应用"课程教学团队经过长期的教学改革与实践，结合多年的企业项目开发经验与职业技能大赛指导经验，采取项目驱动的模式编写了本书，精选了太阳能光热领域典型的实验实训项目为索引，链接知识点，贯彻了"做中学"的教学思想，符合混合式课程教学的需求，也使本书具有活页式的特点，可以满足读者学习太阳能光热技术所需的典型实用的训练项目指导，还可以为学习者进一步开展科研工作打下理论和实践基础。

本书使用学时为52~72学时，其参考学时分配：项目1为4~6学时，项目2为6~8学时，项目3为8~10学时，项目4为6~8学时，项目5为4~6学时，项目6为8~10学时，项目7为8~12学时，项目8为4~6学时，项目9为4~6学时。

本书由顺德职业技术学院肖文平编著。国家太阳能光热产业技术创新战略联盟常务副理事长兼秘书长杜凤丽，东莞绿光新能源科技有限公司王新威，广东永光新能源有限公司总经理孙韵琳，广东省质检中心国家太阳能光伏产品质量监督检验中心主任胡振球、高级工程师曾飞，广东TCL智能暖通设备有限公司总经理宋培刚等提供了技术支持，顺德职业技术学院张斌、张立荣、郭曼兰、黄钊文、刘丰华、李劲扬等对本书的编写提供了宝贵的参考意见和课程资源，在此一并表示衷心的感谢。

由于编者水平所限，书中难免出现欠妥和考虑不周之处，欢迎广大读者批评指正。

作　者
2022 年 1 月

目 录

项目 1　走进太阳能光热应用的世界

能源问题由来已久，随着世界经济的飞速发展，人口数量的急剧增加，世界对能源的需求量与日俱增，随之带来的经济、社会和政治问题也日渐凸显。化石能源资源有限且不可再生，过度利用对环境造成严重的影响，导致温室气体过度排放、酸雨和臭氧层空洞，全球气候变暖、区域气候和生态严重恶化等，这些已成为最典型全球环境问题，另外突发性的人为灾害事故频发，如化学药品的泄漏、地下水污染等现象使人忧虑，给人类生存的空间带来极大的危害。[1]

1.1　知识点　能源与环境面临的挑战

近年来，全球气候变暖带来的问题凸显。在北半球，印度、西亚、北非、欧洲都经历了前所未有的高温天气，格陵兰岛和北冰洋中的冰川大量融化。在南半球的冬季，本来是南极洲的结冰季节，南极冰山却崩塌了一块 1600 多平方千米的巨型冰山，种种气候迹象显示全球气候变暖不仅是一种常态，而且正在加速。

1.1.1　CO_2 排放

化石燃料的使用是 CO_2 等温室气体增加的主要来源，科学观测表明，地球大气中二氧化碳的浓度已经从 1950 年的 $312×10^{-4}$% 上升到了 2013 年的 $398×10^{-4}$%（见图 1-1）；全球平均气温也在近百年内升高了 0.74℃（见图 1-2），特别是近 30 年来升温明显，全球变暖对地球自然生态系统和人类赖以生存的环境的影响总体上是负面的，需要国际社会认真对待。从我国国情看，能源结构长期以煤炭为主，煤炭生产使用中产生的 SO_2、粉尘、CO_2 等是大气污染和温室气体的主要来源。解决好能源问题，不仅要注重供求平衡，也要关注由此带来的生态环境问题。[2]

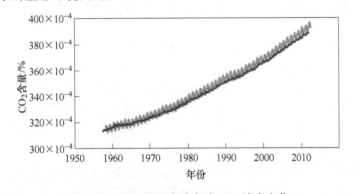

扫一扫

查看彩图

图 1-1　1950—2013 年大气中 CO_2 浓度变化

（图片来源：2013 年 9 月，联合国政府间气候变化专门委员会 IPCC 发布的第五次评估报告）

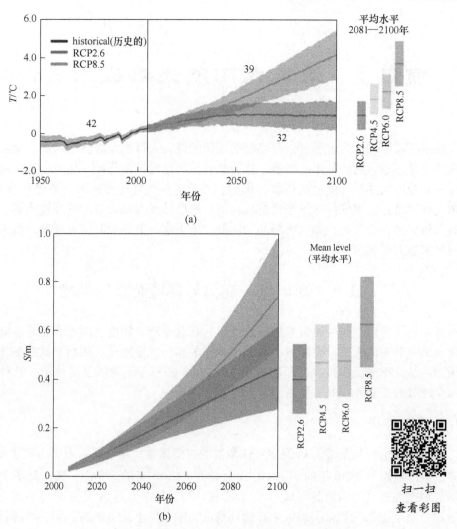

图 1-2　碳排放导致的全球平均气温变化和海平面变化

（a）温度变化曲线；（b）海平面变化

（图片来源：2013 年 9 月，联合国政府间气候变化专门委员会 IPCC 发布的第五次评估报告）

注：RCP（Representative Concentration Pathways，典型浓度路径）

　　IPCC 对未来气候变化的趋势做出了预测。预估显示，如果太阳辐射没有显著变化，没有大的火山喷发这些会显著影响气候的自然因素，与 1986—2005 年的平均气温相比，2016—2035 年的平均气温会高出 0.3~0.7℃，升温趋势仍然会继续。更加远期的预估就会受到人类发展各种因素的影响，IPCC 根据经济和政策的不同状况，按照 RCP（Representative Concentration Pathways，典型浓度路径）推出了 4 个程度的未来情景来进行预估，如图 1-2 所示。图 1-2（a）是温度变化及预估，图 1-2（b）是 2000 年开始的海平面变化及预估。RCP2.6 是指能通过有效措施实现大幅度减排，使得温室气体排放在 21 世纪中期达到顶点然后下降的情景；RCP8.5 是指温室气体完全没有控制的情景。不过无论什么样的情景，大气中的温室气体浓度在 21 世纪仍然会继续上升，气候变暖的大趋势也不会改变，只是程度不同。到 21 世纪末的 2081—2100 年，碳减排力度最大的 RCP2.6 模式也会导致相对 1986—2005 年平均的 0.3~1.7℃ 的温升；不进行减排的模式则会加剧气候变暖，将导致 2.6~4.8℃ 的温升。总之，21 世纪的全球变暖程度非常可能超过 1.5℃，比 20 世纪的温升幅度要高出不少。

1.1.2　环境危机

环境危机是指由于人类的生存与发展相关的活动所引起的环境污染与破坏，引发的环境生态退化趋势和资源、能源枯竭趋势。环境危机的后果将在全球规模或局部区域导致生态过程、生态系统结构、生态功能的损害和破坏，造成生命维持系统瓦解，最终危及人类利益，威胁人类生存和发展。环境危机与人类本性、人类思想观念、工业化文明、现代科学技术以及自由市场经济、体制等因素相关联。

2021 年 2 月，联合国发布了一份关于地球健康状况的报告《与自然和平相处》。在报告中指出，当前地球面临着气候变化、生物多样性遭破坏及污染问题三大危机，人类必须改变与自然的关系。能源的过度使用不仅对世界的环境造成了极大的破坏，对各国的经济也带来了极大的损失，典型的环境危机如图 1-3 所示。

图 1-3　环境危机
（a）温室效应；（b）雾霾；（c）酸雨；（d）石油泄漏
（图片来源：环保网）

扫一扫
查看彩图

1.2　知识点　太阳能光热应用历史

太阳能是可再生能源的一种,开发利用太阳能,对于节约常规能源、保护自然环境、减缓气候变化,都具有重大的意义。人类利用太阳能的历史已有几千年,现代意义上的开发利用却只有半个世纪的时间。1958年,我国就开始涉足研发太阳能集热器。1973年爆发世界能源危机,为寻求新能源,我国开始加快研发与生产太阳能集热器。我国太阳能集热器技术研发经历了五个阶段;1978—1986年,是研发阶段;1987—1992年,是孕育发展阶段;1993—2000年,是技术成果快速市场化阶段;2001—2005年,是产业化基本形成阶段;从2006年至今,我国太阳能热水器开始进入品牌战略阶段。[3]

太阳能利用包括太阳能光伏发电、太阳能热发电以及太阳能热水器和太阳房。太阳能热利用中技术成熟、广泛应用的方式集中在中低温领域。旺盛的市场需求促进了太阳能热水器行业的快速发展。太阳能热利用系统的应用形式包括图1-4所示的几个方面。

（1）不同规模的供热系统,通常使用热水或者热空气作为媒介。

（2）并网的大规模高温太阳能热发电系统。

（3）采用太阳能热驱动的冷却、海水洗化、干燥、烹饪、水净化、制冷工业应用等系统。

扫一扫
查看彩图

图1-4　太阳能热利用的主要形式

从概念上来讲,太阳能热利用系统可实现太阳能的收集,热流体分配、储热以及对取热和热循环的控制,各部件有各自独特的功能,也可以相互配合实现多种功能。一个成功的以营利为目的的商业项目必然具备以下要素。

（1）高效的太阳能转换效率。

（2）与全天负荷或全年负荷的逐时变化相匹配,如有必要可利用储能设施。

（3）与负荷的能量和温度相匹配,如有必要可利用储能设施或热泵。

（4）初始投资和运营费用低。

（5）对运行环境、物化环境影响小。

（6）稳定性、耐久性和安全性高。

随着以太阳能为代表的可再生能源在全球能源结构中的地位日益显著，清洁能源占终端能源消费的比例将逐年提升。

1.3 知识点 太阳能利用的主要形式

1.3.1 太阳能—热能转换

太阳能光热利用是本书研究的核心内容，包括太阳能热水应用系统，太阳能热发电系统，太阳能热吸收式、喷射式制冷系统，太阳灶，太阳能海水淡化以及太阳能水泵，太阳能暖房等工农业应用各个方面。[4]

1.3.2 太阳能—电能转换

利用光生伏特效应将太阳能转换为电能，包含晶硅太阳电池、非晶硅太阳电池、薄膜太阳电池、化合物太阳电池、砷化镓电池、硫化镉电池、碲化镉电池、硒铟铜电池和有机半导体太阳电池等。太空光伏发电如图 1-5 所示。

图 1-5　太空光伏发电

（图片来源于网络）

扫一扫

查看彩图

1.3.3 太阳能光化学转换

太阳能光化学作用包括光电化学作用、光敏化学作用、光分解反应等形式，将太阳能转换为氢能，如图 1-6 所示。

1.3.4 太阳能—生物质能转换

生物质能转换是利用光合作用，利用植物将太阳能固化为有机物，然后可转化为固态、液态、气态生物燃料的形式实现能量的转换，如图 1-7 所示。

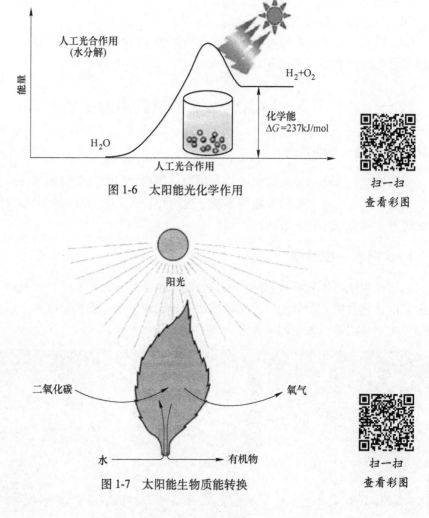

图 1-6　太阳能光化学作用

扫一扫
查看彩图

图 1-7　太阳能生物质能转换

扫一扫
查看彩图

1.4　实 验 任 务

1.4.1　任务描述

　　用放大镜把太阳光线聚焦点燃纸张等物品，并用热电偶温度计测量透镜的焦点温度。这是一个简单的实验，主要用于激发同学们的学习兴趣，对太阳光热有一个初步的认识。

1.4.2　所需工具仪器及设备

　　（1）放大镜两个、菲涅尔透镜一个、墨镜一副。
　　（2）热电偶温度计。
　　（3）灭火器。

1.4.3　知识要求

　　（1）了解普通放大镜的聚焦原理。

（2）了解菲涅尔透镜的聚焦原理。

（3）复习传感器知识，掌握 K 型热电偶的工作原理和温度计的使用方法。

如图 1-8 所示，热电偶测温的基本原理是根据热电效应原理。把任意两种不同的金属导体（或半导体）连接成闭合回路，如果两接点的温度不相等，在测量回路中就会产生热电动势，形成一定电流，这就是热电效应。热电偶就是用两种不同的金属材料一端焊接而成的。焊接的一端叫作测量端（热端），未焊接的另一端叫作参考端（冷端）。如果参考端温度恒定不变，则热电势的大小和方向只与两种材料的特性和测量端的温度有关，且热电势与被测温度之间有固定的函数关系，利用这个对应关系，只要测量出热电势的大小，就可达到测量相应温度的目的。产生热电势有两个条件：一是必须由两种性质不同且符合一定热电特性要求的导体或半导体组成；二是热电偶测量端和参与比较端之间必须有相应的温度差。

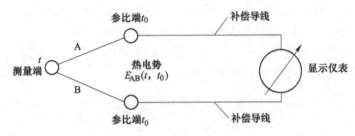

图 1-8　热电偶温度计系统原理

1.4.4　技能要求

（1）了解实验验证的基本方法、流程。

（2）掌握与透镜聚焦相关的要素：光强、角度、焦点位置等。

（3）掌握实验数据记录、统计、分析的基本方法，学会推导出合理的结论。

1.4.5　注意事项

（1）焦点温度很高且光强大，注意防护，防止烫伤，并做好眼睛的防护。

（2）点燃物品后注意防火安全，等燃烧完全或者确定火熄灭以后才能离开。

1.4.6　任务实施

1.4.6.1　观看视频

请观看 2018 级同学做的放大镜点火实验视频。

1.4.6.2　现场实验一

工具：放大镜、火柴、棉花、纸张、树叶。

方法：在阳光下利用放大镜点燃明火。

注意事项：（1）在空阔地，预防火灾；（2）防止烫伤。

步骤：每 4 个同学一个小组，依次点燃不同难度的引火物。

结论：_____

考核：[   ]

原理：（调研、讨论、写出结论）：凸透镜聚光的原理是什么？

注意用合理的文字表达（精炼、准确）。

选出一位代表向全班同学表述。

_____

考核：[   ]

1.4.6.3　现场实验二

工具：3 种不同直径的凸透镜、热电偶测温仪。

方法：分别用 3 种不同的凸透镜，将焦点聚在热电偶测温仪的测温点上，比较精密地测量阳光聚焦点处的实时温度，并且每 30s 记录一次，持续 5min。

步骤：准备好热电偶测温仪和放大镜，每组 4 名同学合作，每名同学拿一个放大镜，同时记录同一时刻的焦点温度值，并填入表 1-1。

表 1-1　焦点温度记录表

时间	放大镜 1	放大镜 2	放大镜 3	备　注
1				
2				
3				
4				
5				
6				
7				
8				
9				
10				
平均值				

结论：

数据分析：

结论：

1.5 任务汇报及考核

（1）用两三句话或者关键词总结一下太阳能利用的意义；

_____

考核：[   ]

（2）凸透镜能量聚焦的原理。

_____

考核：[   ]

1.6 思考与提升

（1）百度搜索视频：关键词"放大镜生火"，看看有什么新发现。

冰能生火吗？（小组讨论题）

放大镜会点燃汽油吗？（危险）

_____

考核：[   ]

（2）除了凸透镜，我们还可以用什么镜？还有哪些让阳光聚焦的方法？（小组讨论题）

_____

考核：[   ]

（3）图1-9所示凸透镜的焦点在哪里，数学公式是什么？可以用来协助我们精准定位吗？

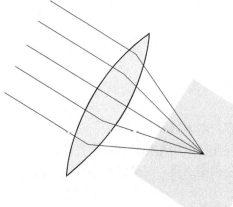

扫一扫
查看彩图

图1-9　放大镜聚焦原理

考核：[　　　　　　　　　　　　　　　　　　　　　　　　　　　]

（4）焦点温度跟什么有关？我们的实验有没有误差？怎样减少误差？

考核：[　　　　　　　　　　　　　　　　　　　　　　　　　　　]

（5）在聚光比确定的情况下，如果只是单纯提高集热温度，并不一定能够提高系统效率，反而可能会降低光电转换效率。太阳能热发电的系统效率是集热效率和热机效率的乘积。如图 1-10 所示，在某一聚光比下，随着吸热器工作温度的提高，热机效率会随之提高，但集热效率会逐渐下降，因而系统效率曲线会出现一个"马鞍点"。因此必须满足聚光比与集热温度的协同提高才能实现光电转换效率的提高。[5]

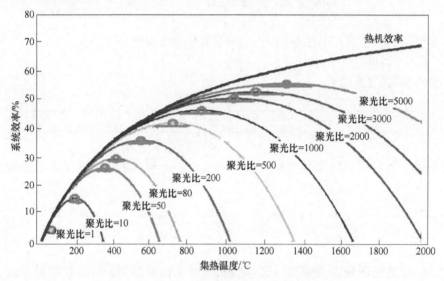

图 1-10　聚光比，吸热器温度与系统效率的关系
（图片来源：国家光热联盟）

扫一扫
查看彩图

1.7　练习巩固

（1）名词解释：可再生能源、碳排放、碳交易。

（2）简答题：

1）驱动太阳能热利用发展的基本因素有哪些？

2）太阳能热利用与太阳能光伏应用相比的优缺点是什么？

3）太阳能热利用的类型包括哪三类，又分别分为哪些子类？

4）太阳辐射有什么特点？

5）新研发的太阳能热利用产品能不能马上上市销售，设计一个太阳能热利用系统时要考虑哪些因素？

（3）作图题，请绘制一张中国在 3030 年的能源结构饼图（说明能源构成及其比例）。

参 考 文 献

［1］罗振涛．太阳能光热利用产业的历史、现状和展望［J］．中国太阳能产业资讯，2011（7）：13．

［2］李靖，王国强，杨建涛．我国能源发展中的突出问题与对策研究［J］．农村经济与科技，2010，21（9）：73-75．

［3］刘月月．我国太阳能热利用产业步入新常态［N］．中国建设报，2015-12-07（7）．

［4］杨爱菊，肖松权，李红星，贾宝，黄军辉，杨丽洁，乔飞义．太阳能电源点的开发［J］．西北水电，2009（5）：95-99．

［5］杜凤丽，原郭丰，常春，卢智恒．太阳能热发电技术产业发展现状与展望［J］．储能科学与技术，2013-11-01．

项目 2　认识宇宙与太阳能

从天文学角度来说，地球表面上某确定时刻确定地点，太阳的位置是确定的，但是其计算公式是复杂的。太阳位置的确立对充分利用太阳能至关重要。本项目带领大家回顾一下宇宙与太阳系的知识，然后讨论地球大气层外、内的太阳辐射性质，太阳高度角、方位角、入射角，垂直太阳方向、水平面以及倾斜面的太阳辐射量计算等内容。

2.1　知识点　宇宙、银河系、太阳系

2.1.1　宇宙

从物理学看，宇宙定义为所有空间、时间和物质的总和，包括电磁辐射、普通物质、暗物质、暗能量等各种能量，其中普通物质包括恒星、行星、卫星、星系、星系团和星系间物质等。宇宙学还包括影响物质和能量的物理定律，如守恒定律、经典力学、相对论等。依据大爆炸理论的估计，时空在（137.99±0.21）亿年前的大爆炸后一并出现，形成了第一批星系、恒星、行星以及所有的一切。据科学估计，宇宙直径约为 930 亿光年。依据多重宇宙学说，认为一个宇宙是一个尺度更大的多重宇宙的组成部分，各个宇宙本身都包括其所有时空及物质。

2.1.2　银河系

银河系大约诞生于 100 亿年前，是一个图 2-1 所示的椭圆形盘，拥有 4 条清晰明确且相当对称的旋臂，旋臂之间相距约 4500 光年。最新研究表明，银河系包含的恒星数量在 1000 亿~4000 亿颗之间。银河系的总质量大约相当于太阳的 1.5 万亿倍。

银河系在宇宙面前微不足道，太阳系又是银河系很小的一个组成部分。太阳系距离银河系中心约 2.64 万光年，位于其猎户座旋臂靠近内侧边缘的位置上，如图 2-2 所示。旋臂以 236km/s 的速度绕银心逆时针旋转一周称为一个银河年，约合 2.2 亿地球年。以太阳的年龄估算，太阳已经绕行银心 20~25 次了。

2.1.3　太阳系

太阳系是一个由太阳引力约束在一起的天体系统，包括太阳、行星及其卫星、矮行星、小行星、彗星和行星际物质。目前认为太阳系包括太阳、8 个行星、近 500 个卫星和至少 120 万个小行星，还有一些矮行星和彗星。太阳系的直径有 3 种划分方法，一是以海王星轨道为边界，为 60 个天文单位，约 90 亿千米；二是以日球层为边界，为 100 个天文单位；三是以奥尔特云为界，则可能有 20 万天文单位。太阳系大约形成于 46 亿年前一个巨型星际分子云的引力坍缩。太阳是太阳系的主宰，占太阳系总质量的 99.86%，余下的

图 2-1 观测银河系

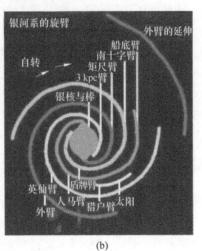

(a)　　　　　　　　　　(b)

图 2-2 太阳在银河系中处于猎户座旋臂

(a) 星云图；(b) 旋臂示意图

天体中，质量最大的是木星，各行星体积相比较如图 2-3 所示。八大行星围绕太阳逆时针公转。[1]

2.1.4 太阳的构造

太阳几乎是由热等离子体与磁场交织着，以核聚变的方式向太空释放光和热的一个巨

图 2-3　八大行星和太阳的大小比较图

（图片来源于网络）

大球体，其直径大约是 $1.392×10^9$ m，相当于地球直径的 10 亿倍；体积大约是地球的 130 万倍；其质量大约是 $2×10^{30}$ kg（地球的 330000 倍）。太阳质量组成的大约 3/4 是氢，剩下的几乎都是氦，只有少于 2% 的氧、碳、氖、铁和其他的重元素。日地平均距离为 $1.5×10^8$ km，光线从太阳出发到达地球需要大约 8min。

太阳的外部是一个厚约 500km 光球层，其温度为 5762K，由强烈电离的气体组成。光球外面分布着数百千米厚由极稀薄的气体组成的"反变层"，不仅能发光，而且几乎是透明的，它能吸收某些可见光的光谱辐射。"反变层"的外面是厚 1 万~1.5 万千米的"色球层"。"色球层"外是温度高达 100 万摄氏度，伸入太空的银白色日冕（日珥）；高度有时达几十个太阳半径，如图 2-4 所示。

2.1.5　太阳的演变

太阳是一颗黄矮星（光谱为 G2V），黄矮星的寿命大致为 100 亿年，目前太阳大约 45.7 亿岁。50 亿~60 亿年之后，太阳内部的氢元素几乎会全部消耗尽，太阳的核心将发生坍缩，导致温度上升，这一过程将一直持续到太阳开始把氦元素聚变成碳元素。虽然氦聚变产生的能量比氢聚变产生的能量少，但温度也更高，因此太阳的外层将膨胀，并且把一部分外层大气释放到太空中。当转向新元素的过程结束时，太阳的质量将稍微下降，外层将延伸到地球或者火星目前运行的轨道处（这时由于太阳质量的下降，这两颗行星将会离太阳更远）。

继红巨星阶段之后，激烈的热脉动将导致太阳外层的气体逃逸，形成行星状星云。在外层被剥离后，唯一留存下来的就是恒星炙热的核心——白矮星，并在数十亿年中逐渐冷却和黯淡。这是低质量与中质量恒星演化的典型，其演变过程如图 2-5 所示。[2-4]

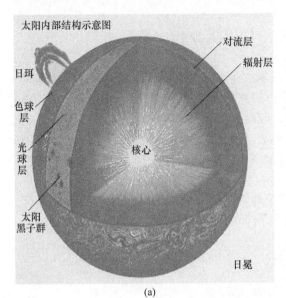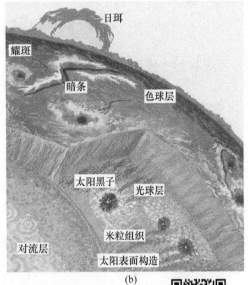

(a)　　　　　　　　　　　　　　　　　　　　(b)

图 2-4　太阳的构造

（a）日冕；（b）色球层及日珥

扫一扫
查看彩图

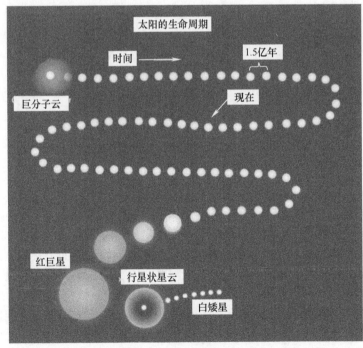

图 2-5　太阳的演变

扫一扫
查看彩图

2.2　知识点　太阳能分布

因距离过于遥远，太阳释放的能量中，只有二十二亿分之一投射到地球。到达地球外缘的太阳能要经过大气层的反射和吸收，其中 30% 被反射，23% 被吸收，剩余只有 47% 左右投射到地面，如图 2-6 所示。地球表面上，陆地面积只占 21%，除去沙漠、森林、山地及江河湖泊，实际到达人类居住区域的太阳辐射功率，约占到达地球大气层的太阳总辐射功率的 5%~6%。尽管如此，到达地球表面的太阳能每年仍相当于 1300 万亿吨标准煤，是全球能耗的上万倍。

地球上的风能、水能、海洋温差能、波浪能和生物质能以及部分潮汐能都来源于太阳。化石能源从根本上来说也是远古以来储存下来的太阳能。[5]

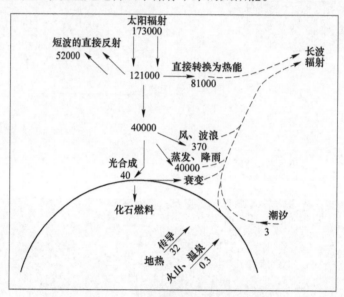

图 2-6　太阳能到达地球的比例

2.2.1　太阳能的基本特点

（1）稀薄性。地球距太阳十分遥远，已知太阳常数为 $1367W/m^2$。经过大气层衰减后地球表面可能接收到的太阳辐射强度小于 $1000W/m^2$。因此，为了收集利用低密度的太阳能，通常太阳能利用装置的采光面积都很大，面向太阳，并设置一定的倾角。

（2）随机性。地球上天气的变化具有很大的随机性，以致地面上接收到的太阳能是一种不稳定的随机自然能源。为了稳定工作，太阳能利用装置通常都需要配置一定的蓄能装置或常规辅助能源。

（3）间歇性。地球由于自转，一天之中有昼夜之分，所以太阳能存在间歇性。同样为了稳定工作，太阳能利用装置需要配置一定的蓄能装置或常规辅助能源。

（4）地区性。太阳能普遍存在，人人免费共享，但不同的地区，地面上可能接收到的太阳能却相差很大。我国太阳能资源最丰富和最贫乏的地区大致相差一倍。因此，太阳能的开发利用必须强调因地制宜。

（5）环保性。太阳能极易获取，不排放二氧化碳和二氧化硫，总量巨大，是最有前景的清洁可再生能源。[6,7]

2.2.2 我国太阳能光热资源概述

发展太阳能光热发电，我国具有优越的自然资源优势。我国陆地表面每年接收的太阳辐射能约为 50×10^{18} kJ，全国各地太阳年辐射总量达 $335 \sim 837$ kJ/（cm^2·a），中值为 586 kJ/（cm^2·a）。年日照时数大于 2000h 的地区面积约占全国总面积的 2/3 以上，有条件发展太阳能电站的沙漠和戈壁面积约为 30 万平方千米。青藏高原地区平均海拔高度在 4000m 以上，大气层薄而清洁、透明度好、纬度低、日照时间长。甘肃河西走廊、青海、西藏以及新疆的哈密和吐鲁番市的光热资源条件较好，预计可开发潜力为 800 万千瓦。中国潜在的太阳能集热可发电量为 42000TW·h/a，远大于目前的年用电需求 3427TW·h/a。有专家测算，仅需用 1% 的国土面积来发展光热发电，就完全可以解决我国 100% 的能源需求。[8]

依据年日照时数和年辐射总量的大小，全国大致上可分为五类地区，见表 2-1，其中广东省的北部属四类地区，珠江三角洲区域即广东南部是三类地区。

表 2-1　中国太阳辐射的五个等级

地区类型	年日照时数/h·a^{-1}	年辐射总量/MJ·（m^2·a）$^{-1}$	等量热量所需标准燃煤/kg	包括的主要地区	太阳能资源备注
一类	$3200 \sim 3300$	$6680 \sim 8400$	$225 \sim 285$	宁夏北部、甘肃北部、新疆南部、青海西部、西藏西部	最丰富
二类	$3000 \sim 3200$	$5852 \sim 6680$	$200 \sim 225$	河北西北部、山西北部、内蒙古南部、宁夏南部、甘肃中部、青海东部、西藏东南部，新疆南部	较丰富
三类	$2200 \sim 3000$	$5016 \sim 5852$	$170 \sim 200$	山东、河南、河北东南部、山西南部、新疆北部、吉林、辽宁、云南、陕西北部、甘肃东南部、广东南部	中等
四类	$1400 \sim 2000$	$4180 \sim 5016$	$140 \sim 170$	湖南、广西、江西、浙江、湖北、福建北部、广东北部、陕西南部、安徽南部	较差
五类	$1000 \sim 1400$	$3344 \sim 4180$	$115 \sim 140$	四川大部分地区、贵州	最差

地球绕太阳运转一周为一年，周而复始。下面从年度和月份分析太阳辐射的稳定性，太阳辐射受到太阳活动规律、云层和气候污染导致的悬浮粒子等诸多因素影响。图 2-7（a）所示为珠三角大湾区某地从 1968—2020 年地表日均太阳年辐射总量，图 2-7（b）所示为一年内逐月的辐射总量。由图可知，逐年观察，虽然有所波动，但总体上是稳定的，春夏秋冬气候变化对太阳辐射总量有显著影响。

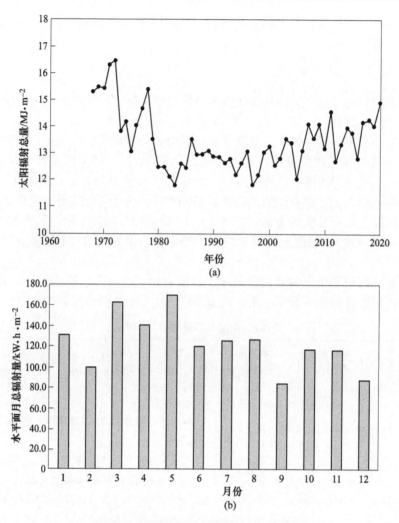

图 2-7　太阳辐射总量逐年逐月变化规律

（a）年度日均太阳辐射总量；（b）一年内逐月总辐射量

2.3　知识点　地球

地球（Earth）是太阳系第三颗行星，自西向东自转，同时围绕太阳公转。现有 40 亿~46 亿岁，它有一个天然卫星——月球，二者组成一个天体系统——地月系统。地球赤道半径 6378. 137km，赤道周长大约为 40076km，呈两极稍扁赤道略鼓的不规则的椭圆球体。地球表面积 5.1 亿平方千米，其中 71% 为海洋，29% 为陆地，在太空上看地球呈蓝色。地球内部有地核、地幔、地壳结构，地球外部有水圈、大气圈以及磁场。地球是目前宇宙中人类已知存在生命的唯一天体，是包括人类在内上百万种生物的家园。在太阳面前，地球是一个"庞然小物"。太阳直径是地球直径的 $1×10^9$ 倍，太阳离地球的平均距离是太阳直径的 $1×10^7$ 倍。

由太阳与地球的直径比较，地球上看到的太阳平面张角为 32′，如图 2-8 所示，并不是理想的平行光线。

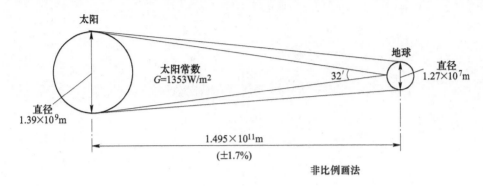

图 2-8 太阳平面张角

2.3.1 地球的命运

地球的命运是不确定的，当太阳成为红巨星时，其半径大约会是现在的 200 倍，表面可能将膨胀至地球现在的轨道——1AU（1.5×10^{11}m）。然而，当太阳成为渐近巨星分支的恒星时，由于恒星风的作用，它大约已经流失 30% 的质量，所以地球的轨道会向外移动。如果只是这样，地球或许可以幸免，但新的研究认为地球可能会因为潮汐的相互作用而被太阳吞噬掉。但即使地球能逃脱被太阳焚毁的命运，地球上的水仍然都会沸腾，大部分的气体都会逃逸入太空。即使太阳仍在主序带的现阶段，太阳的光度仍然在缓慢地增加（每 10 亿年约增加 10%），表面的温度也缓缓地提升。太阳过去的光度比较暗淡，这可能是生命在 10 亿年前才出现在陆地上的原因。太阳的温度若依照这样的速率增加，在未来的 10 亿年，地球可能会变得太热，使水不能再以液态形式存在于地球表面，而使地球上所有的生物趋于灭绝。[9]

2.3.2 经度、纬度、海拔高度

经纬度是经度与纬度的合称组成一个坐标系统，称为地理坐标系统。它是一种利用三度空间的球面来定义地球上的空间的球面坐标系统，能够标示地球上的任何一个位置。

如图 2-9 所示，地球的自转轴：PP'。地球赤道：QQ'。纬度圈：过地面上一点与赤道平行的圆。经度圈：过地面上一点及 PP' 的大圆。一天的日照时间与纬度直接相关：地球上同一纬度的地区接收阳光所经历的路程相等。

2.3.2.1 经度

经度是指通过某地的经线面与本初子午面所成的二面角。在本初子午线以东的经度叫东经，在本初子午线以西的叫西经。东经用"E"表示，西经用"W"表示。1884 年，国际本初子午线大会上，格林尼治的子午线被正式定为经度的起点。经度的每 1° 被分为 60′，每 1′ 被分为 60″。例如：东经 23°27′30″ 或西经 23°27′30″。更精确的经度位置中，秒被表示为分的小数，比如：东经 23°27.500′，但也有使用度和它的小数的：东经 23.45833°。有时西经被写作负数：−23.45833°。经度的每个度的距离随纬度的不同而变化，从 0km 到 111km 不等，赤道上经度的每个度大约相当于 111km。

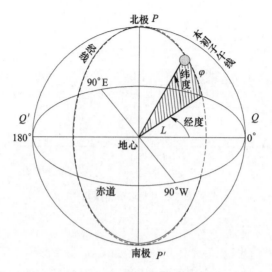

图 2-9　地理坐标系统

2.3.2.2　纬度

纬度是指过椭球面上某点作法线，该点法线与赤道平面的线面角，其数值在 0°~90°之间。位于赤道以北的点的纬度叫北纬，记为 N；位于赤道以南的点的纬度称南纬，记为 S。纬度数值在 0°~30°之间的地区称为低纬度地区；纬度数值在 30°~60°之间的地区称为中纬度地区；纬度数值在 60°~90°之间的地区称为高纬度地区。赤道、南回归线、北回归线、南极圈和北极圈是特殊的纬线。

2.3.2.3　海拔

海拔也称绝对高度，就是某地与海平面的高度差，通常以平均海平面做标准来计算，是表示地面某个地点高出海平面的垂直距离。海拔的起点叫海拔零点或水准零点，是某一滨海地点的平均海水面。它是根据当地测潮站的多年记录，把海水面的位置加以平均而得出的。

各国海拔的基准点设置不同。我国海拔采用青岛港验潮站的长期观测资料推算出的黄海平均海面作为基准面（零高程面）。日本以东京湾的平均海面作为基准，实际测量的基准点位于东京都千代田区。英国海拔的基准点为 1915 年 5 月至 1921 年 4 月英国西南岸康沃尔郡纽林的平均海面 "Ordnance Datum Newlyn"。荷兰海拔的基准点为阿姆斯特丹的平均海面 "Normaal Amsterdams Peil" 等。

2.3.2.4　WGS84 坐标系

由于地面高低的不同和地球形状的不正规，天体测量所得的信息（如卫星导航系统）不足用于明确地计算地理位置。被全球普通使用的是 WGS84 和 GRS80 体系，其中 WGS84 被美国全球定位系统使用，如图 2-10 所示。

WGS84 坐标系的几何意义是：坐标系的原点位于地球质心，z 轴指向（国际时间局）

BIH1984.0定义的协议地球极（CTP）方向，x 轴指向 BIH1984.0 的零子午面和 CTP 赤道的交点，y 轴通过右手规则确定。

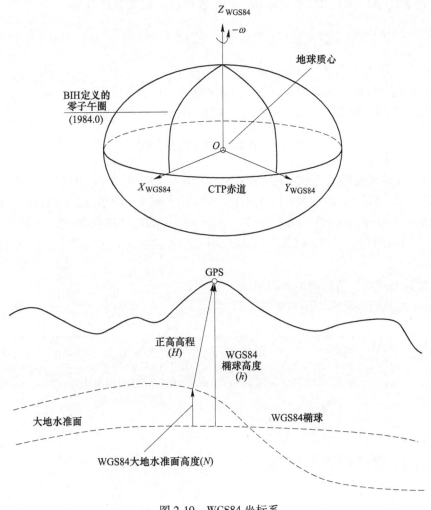

图 2-10 WGS84 坐标系

2.3.2.5 怎样根据两点经纬度计算距离

地球是一个近乎标准的椭球体，它的赤道半径为 6378.140km，极半径为 6356.755km，平均半径为 6371.004km（这里忽略地球表面地形对计算带来的误差，仅仅是理论上的估算值）。

设第一点 A 的经纬度为 LonA，LatA，第二点 B 的经纬度为 LonB，LatB。

按照 0° 经线的基准，东经取经度的正值（Longitude），西经取经度负值（-Longitude），北纬取 90-纬度值（90- Latitude），南纬取 90+纬度值（90+Latitude），则经过上述处理过后的两点被计为（MLonA，MLatA）和（MLonB，MLatB）。那么根据三角推导，可以得到计算两点距离的如下公式：

C = SIN(MLatA) * SIN(MLatB) * COS(MLonA-MLonB) +COS(MLatA) * COS(MLatB)

$$Distance = R * Arccos(C) * Pi/180$$

用 Excel 可以方便进行两点坐标之间的变换。

（1）在 A2、B2、C2、D2 单元格填上两地经纬度，如图 2-11 所示。

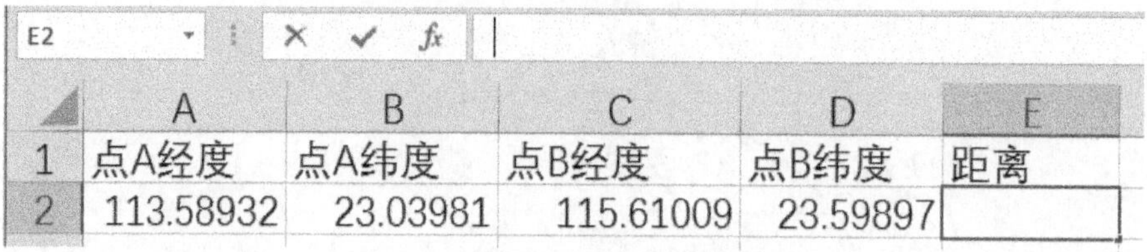

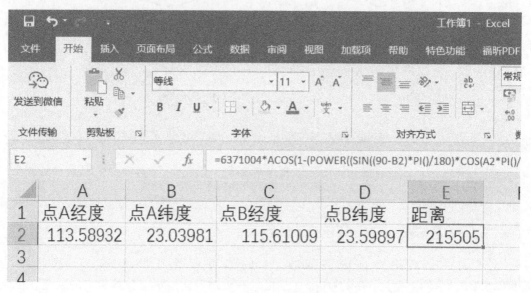

图 2-11　在 Excel 填上两地经纬度

（2）在 E2 单元格输入公式 = 6371004 * ACOS(1-(POWER((SIN((90-B2) * PI()/180) * COS(A2 * PI()/180)-SIN((90-D2) * PI()/180) * COS(C2 * PI()/180)),2)+POWER((SIN((90-B2) * PI()/180) * SIN(A2 * PI()/180)-SIN((90-D2) * PI()/180) * SIN(C2 * PI()/180)),2)+POWER((COS((90-B2) * PI()/180)-COS((90-D2) * PI()/180)),2))/2)

（3）确认公式后，得到两地间距离。

在 Excel 换算经纬度差与距离如图 2-12 所示。

图 2-12　在 Excel 换算经纬度差与距离

2.4　知识点　太阳能光热利用的主要形式

不利的气象条件对太阳能热利用系统有很大的影响，大风、冰雹、雾霾、沙尘暴、大雪等灾害性天气会影响太阳能资源的实际利用率。

2.4.1 太阳能资源评估方法

（1）应按照 QX/T 55—2007 的规定进行总辐射观测，获取太阳能场的总辐射、气温、风速、风向、日照时数等的实测时间序列数据，现场测量应连续进行，不应少于一年。

（2）收集长期观测站的以下数据：

1）有代表性的连续近 10 年逐年各月总辐射量、日照时数。

2）近 30 年来月平均气温，建站以来记录到的极端最低气温、极端最高气温。

3）建站以来记录到的最大风速、极大风速及其发生的时间及风向、冻土深度、积雪深度、每年出现的雷暴日数、冰雹日数、沙尘暴日数等。

（3）将订正后的数据处理成评估光伏并网电站太阳能资源所需要的各种参数，包括水平面太阳总辐射量、水平面峰值小时数、光伏阵列太阳总辐射量、光伏阵列最佳倾斜角、光伏阵列峰值小时数等。

（4）如果光伏发电系统拟建设场地周围有其他物体，并有可能遮挡光伏方阵时，应分析障碍物的太阳影子对光伏系统的影响。

2.4.2 天球坐标系

天球坐标系别名天文坐标系，是一种为准确表示天体在天球上的投影位置，以天极和春分点作为天球定向基准的坐标系。如图 2-13 所示，地球处在坐标系的中心。[10]

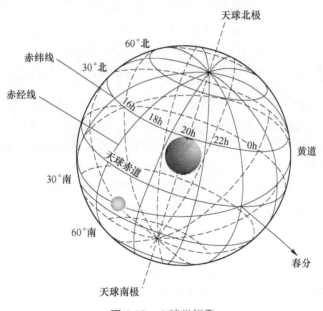

图 2-13 大球坐标系

（1）赤经 α：从春分点沿着天赤道向东到赤经圈与天赤道的交点所夹的角度。由 0～24h。和时间一样，赤经的每小时可分为 60min，每分可再细分为 60s。

（2）赤纬 δ：太阳光线垂直照射的地点与地球赤道所夹的圆心角。以天赤道为起点，往北为正，往南为负。赤纬值每日每时在变化，全年变化范围在 $+23°27'～-23°27'$ 之间。

由于地球的运动，太阳的赤纬随季节而变化，可按下式计算：

$$\delta = 23.45\sin\left[360° \times \frac{284 + n}{365}\right]$$

式中，n 为一年中从 1 月 1 日算起的天数。δ 与所在地区无关，仅由日期决定。

赤经角与赤纬角示意图如图 2-14 所示。

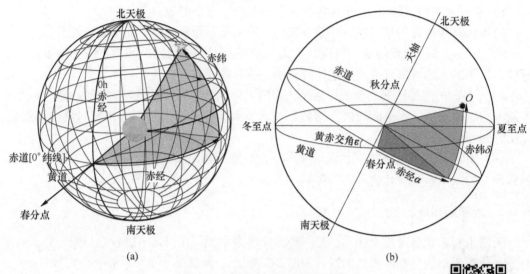

(a)　　　　　　　　　　　　　　　　(b)

图 2-14　赤经角与赤纬角示意图

（a）地心；（b）日心

扫一扫

查看彩图

2.4.3　赤道坐标系

赤道坐标系是一种天球坐标系。如图 2-15 所示。过天球中心与地球赤道面平行的平面称为天球赤道面，它与天球相交而成的大圆称为天赤道。赤道面是赤道坐标系的基本平面。天赤道的几何极称为天极，与地球北极相对的天极即北天极，是赤道坐标系的极。经过天极的任何大圆称为赤经圈或时圈；与天赤道平行的小圆称为赤纬圈。作天球上一点的赤经圈，从天赤道起沿此赤经圈量度至该点的大圆弧长为纬向坐标，称为赤纬。赤纬从 0° 到 ±90° 计量，赤道以北为正，以南为负。赤纬的余角称为极距，从北天极起，从 0° 到 180° 计量。[11]

2.4.3.1　太阳方位角 γ_S

以 S 为起点，太阳投影在赤道面的夹角。向西（顺时针方向）为正，向东（逆时针方向）为负。即太阳至地面上某给定点的连线在水平面上的投影与正南向（当地子午线）的夹角。

$$\sin\gamma_S = \frac{\cos\delta\sin\omega}{\cos\alpha_S}$$

2.4.3.2　太阳高度角 α_S

直射阳光与水平面夹角。即地球表面上某点与太阳的连线与地平面之间的夹角。太阳高度角随地区、季节及每日时刻的变化而变化。

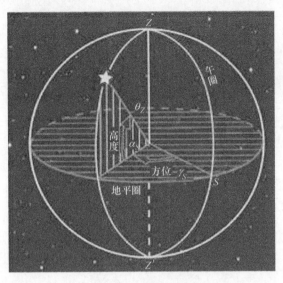

图 2-15 赤道坐标系

扫一扫
查看彩图

$$sin\alpha_S = sin\varphi sin\delta + cos\varphi cos\delta cos\omega$$

式中　φ——观测点纬度，单位为（°）；

　　δ——赤纬角，单位为（°）；

　　ω——太阳时角，单位为（°）。

2.4.3.3　太阳高度角与太阳辐射强度的关系

太阳高度角与太阳辐射强度的关系如图 2-16 所示，在没有大气影响的情况下，与计算射到大气上界表面的情况相同，到达地球表面水平面上某一时刻的太阳辐射强度为

$$I_0 = I_{SC}r cos\theta_Z$$

式中，$\theta_Z = 90 - \alpha_S$ 是天顶角；α_S 是高度角。

2.4.3.4　日出、日落时角 ω 及可能的日照时间 N

根据日出、日落时：$\alpha_S = 0$，可计算日出和日落的方位角以及日照时间为

$$sin\alpha_S = sin\varphi sin\delta + cos\varphi cos\delta cos\omega = 0$$

$$\Rightarrow \omega_0 = \pm cos^{-1}(-tan\varphi tan\delta)$$

式中，正值对应日落时角；负值对应日升时角。

由此，算出一天可能的日照时间 N 为

$$N = \frac{2}{15} cos^{-1}(-tan\varphi tan\delta)$$

2.4.4　日出、日落时的方位角

方位角计算公式为

$$cos\gamma_S = \frac{sin\alpha_S sin\varphi - sin\delta}{cos\alpha_S cos\varphi}$$

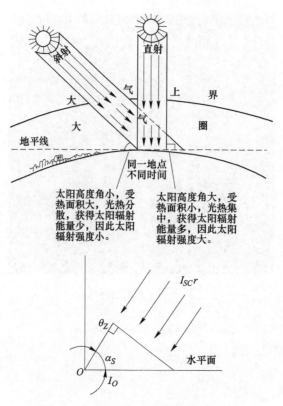

图 2-16　太阳高度角与太阳辐射强度的关系

日出日落时为

$$\cos\alpha_{SO} = 1,\ \sin\alpha_{SO} = 0, \Rightarrow \cos\gamma_{SO} = \frac{-\sin\delta}{\cos\varphi}$$

求反余弦，在 360°范围内得到两个角度值，分别对应日出和日落时的方位角。

2.4.5　太阳时

地球自转一周 360°，所需时间 24h；因此相当于每小时转 15°。由于各地所采用的时间标准不一样，所以我们生活中的时间并不是真正太阳升起降落的时间（称为太阳时），太阳时的午时（中午 12 时）太阳光线也不是正好通过当地的子午线。或简单地说，并不是正好在南北方向上。

在所有太阳角度计算公式中所指的时间都是太阳时，太阳时与各地使用的标准时间并不一致。转换关系为

$$太阳时 = 标准时间 + E \pm 4 \times (L_{标准} - L_{当地})$$

式中　$L_{标准}$——标准时间采用的标准经度，（°）；

　　　$L_{当地}$——当地的经度，（°）；

　　　E——时差，min。

公式中东半球为负号，西半球取正号。

我国取东经 120°为标准时间（即北京时间），所以

$$太阳时 = 北京时间 + E - 4 \times （120 - L_{当地}）（单位为 min）$$
$$E = 9.87\sin2B - 7.53\cos B - 1.5\sin B （单位为 min）$$
$$B = \frac{360(n-81)}{364}$$

式中，n 是所求日期在一年中的日子数（从 1 月 1 日算起）；太阳时、E 的单位都是 min。

一年内的时差曲线如图 2-17 所示。

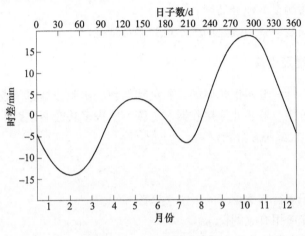

图 2-17 一年内时差变化

2.4.6 大气质量

太阳光线穿过地球大气层的路径与太阳在天顶位置时光线穿过地球大气层的路径之比。完全不同于通常所说的"空气质量"。

规定：标准状态下（0℃，1 标准大气压），海平面上，当太阳处于天顶位置时，太阳光线垂直照射所通过的路径 $m=1$，如图 2-18 所示。

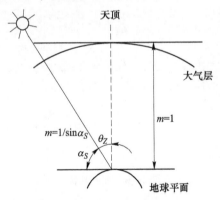

图 2-18 大气质量

忽略地球曲率的影响，大气质量 m 由下式计算为

$$m = \frac{1}{\cos\theta_Z} = \frac{1}{\sin\alpha_S}$$

2.5　实　验　任　务

2.5.1　任务描述

（1）使用太阳能功率计测量太阳能功率。

（2）用多种方法测量本地经纬度。

（3）选择一处安装场景，确定周围建筑物遮蔽情况。

2.5.2　所需工具仪器及设备

（1）太阳能功率计、普通钢化玻璃、彩色塑料膜、实验数据记录表格。

（2）手机、GPS 接收器、北斗接收器、电脑、秉火多功能调试助手软件。

（3）SunEye100 太阳阴影分析仪。

2.5.3　知识要求

（1）地球绕太阳运行有关规律的天文学基础知识。

（2）了解太阳能应用有关的概念。

注：重点是太阳能辐射功率有关的概念。

2.5.3.1　太阳常数

太阳与地球之间为年平均距离时，地球大气层上边界处，垂直于太阳光线的表面上，单位面积、单位时间所接收的太阳辐射能，以 I_{SC} 表示，如图 2-19 所示。

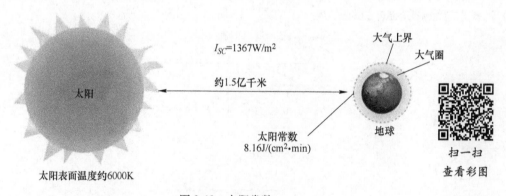

图 2-19　太阳常数

由于日地间的距离稍有变化，计算中对该常数要进行修正，其修正系数 r 可按下列公式计算为

$$r = 1 + 0.034\cos\left(\frac{2\pi n}{365}\right)$$

式中，n 为一年中从 1 月 1 日算起的天数。

2.5.3.2 直接辐射

从日面及其周围一小立体角内发出的太阳辐射。是指未被地球大气层吸收、反射及折射仍保持原来的方向直达地球表面的这部分太阳辐射。

2.5.3.3 散射辐射

太阳辐射被空气分子、云和空气中各种微粒分散成无方向性的辐射。是指经过大气和云层的反射、折射、散射作用改变了原来的传播方向达到地球表面的、并无特定方向的这部分太阳辐射。

2.5.3.4 太阳总辐射

水平面从上方 2p 立体角范围内接收到的直接辐射和散射辐射。

2.5.3.5 倾斜面太阳总辐射

在规定的一段时间内照射到某个倾斜表面的单位面积上的太阳辐射能量。

2.5.3.6 峰值日照时数

将当地的太阳辐照量折算成标准测试条件下的小时数。

2.5.3.7 日照时数

地表给定地区每天实际接收日照的时间，以日照记录仪记录的结果累计计算，单位为小时。

2.5.4 技能要求

2.5.4.1 学会使用太阳能功率计

以某品牌的 LH-122 太阳能功率计为例，LH-122 太阳能功率计是一款宽谱（400~1100nm，中心 700nm）太阳能功率测量仪，主要用于测量太阳光的功率密度（即单位面积的辐射能功率，测量范围：1~2000W/m²）、可见光源的辐射强度、太阳膜、隔热玻璃等的遮阳率、材料对太阳光线的透过率、阻隔率、反射率等。带温度计，便于隔热性能测试，可保存 100 组测试数据。[12]

其界面如图 2-20 所示。

A 按键

（1）OK 键：确认和开关机，按 OK 键开机；按住 OK 键 3s 关机。

（2）M 键：MODE 模式切换和方向键为上。

（3）R 键：REC 保存数据查询和方向键为下。

（4）S 键：SET 设置和方向键为左。

（5）H 键：HOLD 锁定数据与解除锁定和方向键为右。

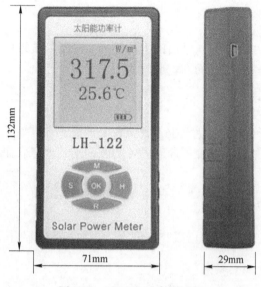

图 2-20　LH-122 功率测试仪

B　菜单

（1）按上下键选择需要选项按 OK 键确认。

（2）单位：选择单位 $\mu W/cm^2$、mW/cm^2、W/m^2，默认为 W/m^2。

（3）模式 1：选择显示内容，P——仅显示功率，℃——仅显示温度，P+℃——功率和温度，默认为 P+℃。

（4）模式 2：设置显示透过率或者阻隔率，默认为透过率。

（5）自动关机：是——3min 无操作自动关机，否——不自动关机，默认为是。

（6）Language：选择语言 Chinese——中文，English——英文，默认为中文。

（7）退出：按 OK 键退出设置。

C　功率和温度测量

（1）按 OK 键开机，等待开机自检结束，默认进入模式 1——功率测量模式。

（2）将功率计前端探头窗口对准辐射源，读取功率和温度数据即可。注意每次测量要保证距离位置角度相同测得的数据才会一致，温度测量需要等其数据稳定后再读取。

（3）按 H 键可以锁定峰值，按 OK 键保存数据并解除锁定。

（4）保存的数据可在模式 1 下按 R 键读取，按上、下方向键翻页，在数据查询界面：按 OK 键可退出查询；按 H 键进入删除当前数据菜单，再按上、下方向键和 OK 键选择需要的操作；按 S 键进入删除全部数据。

D　透过率和阻隔率测量（见图 2-21）

（1）开机后按 M 键切换到模式 2。

（2）将功率计前端探头窗口对准辐射源，此时 A 和 B 都显示实时功率值，"A" 闪动。

（3）按 OK 键定标，锁定功率 A 即总功率（此时如需重新测定总功率再按 OK 键可以解锁 A），此时 "B" 开始闪动将被测样品置于光源和功率计探头窗之间，由于被测物的遮挡辐射功率会被衰减，此时 B 显示的就是透过的光功率，仪器自动计算出透过率：即透过功率占总功率的百分比，透过率=透过功率 B/总功率 A。

透过率 = 透过功率/总功率

A=总功率
B=透过功率
A−B=阻隔功率

阻隔率 = 阻隔功率/总功率

扫一扫
查看彩图

图 2-21 透过率和阻隔率测试

（4）按 H 键可以锁定数据，按 OK 键可以保存数据并解除 B 锁定，如果不需要保存数据则再按 H 键解除 B 锁定。

（5）保存的数据可在模式 2 下按 R 键读取，具体操作同模式 1。

（6）设置菜单内模式 2 选项内可选择测量阻隔率：即阻隔功率＝（总功率 A−透过功率 B）/总功率 A。

2.5.4.2 学会使用 SunEye100 阴影分析仪

如图 2-22 所示，SunEye100 能有效分析太阳影子对光伏系统的影响，使光伏系统设计更加合理，仪器可以测试太阳行程（sun path）、太阳阴影（shading）以及朝向（orientation）。

太阳行程图如图 2-23 所示。

阴影影响分析图如图 2-24 所示。

2.5.5 注意事项

（1）防晒。

（2）防止由于阳光反射、遮挡等因素造成测量数据不准确。

2.5.6 任务实施

2.5.6.1 任务指南：观看视频（网络查看）

A 高德地图查看经纬度

B GPS+北斗模块硬件测试定位经纬度讲解

C 方位角的定义是什么

方位角：相对正南方向的夹角。使用手机上的"指南针" APP。

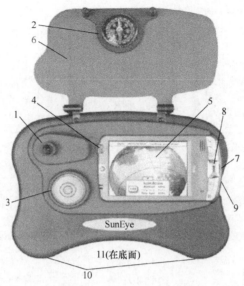

图 2-22　SunEye100 阴影分析仪

1—鱼眼镜头；2—指南针；3—水平仪；4—开机键；5—显示屏；

6—盖板；7—通信口；8—按钮；9—重启键；10—背带连接点；11—固定柱连接点

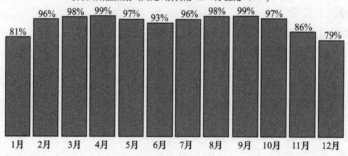

图 2-23　太阳行程图

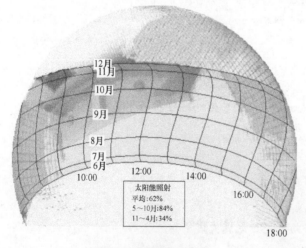

图 2-24　阴影影响分析图

2.5.6.2 现场实验一：测量太阳能功率

（1）在太阳直射辐射不被遮蔽的开阔处，设置好两台太阳能功率计，使其分别位于水平位置和当地纬度相同的倾角位置。

（2）每隔1min读取一次功率计上的数值，并保存或者记录。读取数据时确认太阳光不被影子遮挡。

（3）1h后，分别将水平和倾斜位置的太阳能功率数据导入Excel表格，并绘制曲线图。

（4）比较两组数据，你可以发现什么？得到哪些规律？

（5）分别取一片普通钢化玻璃和彩色塑料膜，测量其透过率和阻隔率。

2.5.6.3 现场实验二：查询本地气候条件

工具：计算机、纸笔。

方法与步骤：新能源行业中对光热工程应用、光伏发电、风力发电建设前期可行性研究中必不可少的就是要查询气象数据，但是无法系统性收集，其数据口径不一，难以利用，且最大的问题是想要查询到历史多年数据极其困难，这里介绍美国太空总署NASA气象资料查询网站的使用方法，里面有各种气象数据，且地面上50m、100m会进行分类，同时数据统计为历史二十几年的平均值，极具参考价值。其数据查询使用的方法如下所述。

（1）确定地理位置：核实所要查询气象点的地理位置，可以具体到项目实施的地点，以便确定其经纬度。在项目选址时候已有经纬度时，可选取项目中心点经纬度作为参考。

（2）查找本地经纬度：推荐用百度地图的经纬度查询网站。

（3）进入NASA气象资料查询网站。

（4）输入经纬度：将记录好的经纬度输入网页中，latitude是纬度，longitude是经度，这里要注意是一个数字，而不是××°××′××″的形式，因此要在记录经纬度的时候注意，填好后单击"submit"。

（5）选择数据项：此时进入的界面是美国宇航局地面气象学和太阳能的数据项选择界面，界面是全英文的，里面主要包括太阳能电池板数据、太阳照射几何数据、电池及储能数据、云的情况、温度、风速等，每一方面会有具体分类项可以选择，根据需要进行选择，每一分类下只能选一种，选完后单击"submit"。

（6）查找数据：结果出来以后，可以查看自己想要的数据。如果这里面没有你想要的，那么可能是前一步骤中选项错误，可以返回去进行重新选择，拿到想要的准确数据是我们的最终目标。[13-15]

任务：请查询本地过去两年内逐月的太阳辐射功率平均值。填入表2-2。

表 2-2　本地过去两年内逐月的太阳辐射功率平均值

月份	1	2	3	4	5	6
平均功率/kW·m⁻²						
月份	7	8	9	10	11	12
平均功率/kW·m⁻²						
月份	1	2	3	4	5	6
平均功率/kW·m⁻²						
月份	7	8	9	10	11	12
平均功率/kW·m⁻²						

2.5.6.4　现场实验三：查询本地经纬度

工具：手机、GPS 接收器、北斗接收器、电脑、秉火多功能调试助手软件。

方法：用多种方法查看经纬度坐标。

步骤：

（1）按照百度检索和视频中的方法，分别利用高德地图和 GPS 手机 APP 查询本地的经纬度值和方位角。

结论：经度为＿＿＿＿＿＿＿＿＿＿＿＿＿＿＿

纬度为＿＿＿＿＿＿＿＿＿＿＿＿＿＿＿＿＿

您目前朝向讲台方向的方位角为＿＿＿＿＿＿

考核：[　　　　　　　　　　　　　　　　　　　　　　　　　　]

（2）使用 GPS 和北斗接收器，使用秉火多功能调试助手软件查看当地经纬度数据。

结论：经度为＿＿＿＿＿＿＿＿＿＿＿＿＿＿＿

纬度为＿＿＿＿＿＿＿＿＿＿＿＿＿＿＿＿＿

高度为＿＿＿＿＿＿＿＿＿＿＿＿＿＿＿＿＿

考核：[　　　　　　　　　　　　　　　　　　　　　　　　　　]

2.5.6.5　现场实验四：确立周围遮蔽

工具：SunEye100 阴影分析仪。

方法：使用仪器确立光热应用装置安装的最佳位置。

步骤：

（1）参数设置。设置拟测试场地的地理位置（也可以在现场通过可选配的 GPS 来获取）和所属时区。光伏方阵的倾角和方位角。注：方位角正北为 0°，正东为 90°，正南为 180°，正西为 270°。

（2）现场操作。将仪器带到测试现场，选定测量点（比如拟建方阵的最东端和最西端），使仪器水平放置，使指南针的深色部分位于白色线内，仪器正朝南，按测量键，仪器自动测量和保存数据。

为光热利用系统选址，使其在一年中，每天上午 9 点到下午 3 点都不会被太阳遮挡。使用 SunEye100，先沿着图 2-25 所示的深色箭头方向走，同时观察太阳行程图，找到一年中有一天上午 9 点或者下午 3 点刚好被太阳遮挡的位置后；再沿浅色箭头方向走，直到找到一年中有一天上午 9 点或者下午 3 点刚好被太阳遮挡的位置。那么浅色路径以北的位置适合安装光伏方阵。以此类推，分别在其他位置观察，就可以找到符合光伏发电系统安装要求的场地范围。

图 2-25 观察测量路线示意图

（图片支持：顺德中山大学太阳能研究院）

扫一扫
查看彩图

（3）软件处理分析。软件自动生成太阳行程图和阴影影响分析图，用户还可以通过设置方阵的倾角、方位角和支架的安装方式来改变光伏方阵的安装方式，软件会自动修改阴影影响分析图，以分析采用不同方式安装的方阵受阴影的影响程度，并可以通过 PVSYS 等专业软件估算年发电量。

（4）结论。

1）太阳能资源评估对于估算光伏发电系统的发电量和分析系统运行安全性具有重要意义。

2）太阳阴影分析仪的缺点是不能对有建筑施工图但未建成的建筑进行阴影分析，而且一定要到现场才能测量。仪器是基于颜色判别，有时白色的障碍物会被误以为是没有障碍物。

2.6 任务汇报及考核

（1）查询有关的气象资料，看看您家乡所在的区域是几类地区？

家乡地点：

经纬度：

考核：[家乡所在区域是__类地区，年平均辐射总量是 　　　　　　　　　]

（2）MJ 与 kW·h 的转换。

请理解 MJ 和 kW·h 两个单位的含义，它们之间的转换公式是什么？

（3）经纬度口诀。

南北东西经纬线，经线半圆纬线圆，

经线长度都相等，纬线有长又有短，

纬线之间平行线，相互之间等线段，

经线之间不平行，赤道最长交极点，

地球地图海陆间，某点位置凭它断。

（4）测量或者查询经纬度的方法总结。

_____

_____

考核：[　　　　　　　　　　　　　　　　　　　　]

（5）用两三句话或者关键词说明一下世界上太阳能的分布与利用情况。

_____

_____

考核：[　　　　　　　　　　　　　　　　　　　　]

2.7　思考与提升

（1）宇宙产生的年龄才 138 亿年左右，我们怎么可以观测到 930 亿光年外的东西，宇宙膨胀的速度比光速快？

_____

_____

_____

考核：[　　　　　　　　　　　　　　　　　　　　]

（2）GPS 和北斗系统定位的原理是什么？

注意用合理的文字表达（精炼、准确），可以用图表示。

_____

_____

考核：[　　　　　　　　　　　　　　　　　　　　]

（3）北斗系统的优势是什么？

_____

_____

考核：[　　　　　　　　　　　　　　　　　　　　]

（4）为什么低纬度地区天气一般比较热？

_____

_____

考核：[　　　　　　　　　　　　　　　　　　　　]

（5）趣味计算题。

查找你现在的位置和你家、珠穆朗玛峰的经纬度坐标，然后计算出两地之间的直线距离，并填入表 2-3。

表 2-3　两地之间的直线距离

现在经度	现在纬度	家经度	家纬度	与家的距离
珠穆朗玛峰经度	珠穆朗玛峰纬度	现在经度	现在纬度	珠穆朗玛峰最高峰距离

2.8 练习巩固

（1）名词解释：太阳及太阳系、直射辐射、散射辐射、太阳总辐射。

（2）简答题。

1）请在网店上找出两款测量太阳能功率的仪器，给出链接。

2）太阳能在水平面和倾斜面上的辐射功率的计算公式是什么？请列出相应的计算步骤。

3）请按从近到远的顺序列出太阳系所有的行星。

4）广州是我国太阳能资源分布的几类地区？从1月到12月，广州的水平面月平均辐射总量是多少？

（3）作图题。

1）请图示方位角和高度角。

2）画一个你向往的地方简图。

（4）论述题。

1）宇宙是什么？

2）怎样理解能源，光是能源吗？

（5）计算题：请算出你所站的地方今天的日出、日落时间和日照时长。

参 考 文 献

[1] Sackmann I J, Boothroyd, I A, et al. Our Sun. Ⅲ. Present and Future [J]. Astrophysical Journal, 1993, 418 (1): 457-468.

[2] 姜淳释. 太阳的聚变还能持续多久 [J]. 科海故事博览（科技探索），2007 (11): 77.

[3] 周道其. 太阳何时会熄灭？[J]. 科学与文化，1997 (3): 23.

[4] 隋宁. 太阳星云的演变 [D]. 长春：吉林大学，2010.

[5] 赵明智. 槽式太阳能热发电站微观选址的方法研究 [D]. 呼和浩特：内蒙古工业大学，2009.

[6] 陆玲黎. 风光互补系统智能控制策略研究 [D]. 无锡：江南大学，2012.

[7] 徐鹏. 新型太阳能光伏—热泵复合建筑供能系统性能研究 [D]. 北京：北京工业大学，2015.

[8] 袁晓旭，张小波. 光热电站采用超临界二氧化碳布雷顿循环发电系统论证 [J]. 东方汽轮机，2021 (1): 33-38.

[9] 袁道先. 对地球系统科学的几点认识 [J]. 高校地质学报，1999 (1): 2-7.

[10] 陈祎荻. 利用AR技术构建虚拟助航系统的应用技术研究 [J]. 天津航海，2021 (1): 66-68.

[11] 邢艳艳. 西藏地区太阳能热水采暖集热系统设计优化研究 [D]. 西安：西安建筑科技大学，2008.

[12] 郭嘉荣，胡振球. 光伏电站阴影遮挡测试与分析 [J]. 电子技术与软件工程，2016 (22): 250.

[13] 丁辉，李慧平，江国庆. 分布式光伏并网系统设计流程及方法 [J]. 智能建筑电气技术，2014, 8 (2): 16-19.

[14] 耿绪彬. 浅论智能建筑楼宇电气节能设计 [J]. 中国设备工程，2018 (1): 175-176.

[15] 段希庆. 空冷凝汽器传热特性分析和运行优化研究 [D]. 长春：吉林大学，2018.

项目 3　热量与传热

太阳能热利用是建立在传热学的基础上的。传热学是一门古老的学科,是关于热量及热量变迁的学问,与热传递密切相关。传热是由于温差引起的能量转移,有温差就有传热。温度是反映物体分子运动剧烈程度的变量。传热有三种主要形式:热传导、热对流与热辐射,如图 3-1 所示。

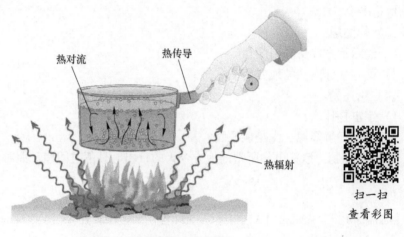

热对流　热传导

热辐射

扫一扫

查看彩图

图 3-1　热传递的三种形式

3.1　知识点　热传导

热量依靠物体质点的直接接触,从系统的一部分传到另一部分或由一个系统传到另一个系统的现象叫作热传导。热传导是固体中热传递的主要方式。在气体或液体中,热传导过程往往和热对流同时发生。[1]

热传导遵循傅里叶定律为

$$Q = -\lambda F \frac{\mathrm{d}T}{\mathrm{d}x} \tag{3-1}$$

式中,Q 为热流量;λ 为导热率,又称为导热系数;负号表示热量传递方向和温度梯度方向相反;$\frac{\mathrm{d}T}{\mathrm{d}x}$ 表示沿热流方向的温度梯度;F 为导热面积。

各种物质的热传导性能不同,导热系数越大,材料的导热能力越大。各种物质的导热系数均可由试验测定,一般金属都是热的良导体,玻璃、木材、棉毛制品、羽毛、毛皮以及液体和气体都是热的不良导体,石棉的热传导性能极差,常作为绝热材料,通常工程上常把导热系数小于 $0.2\mathrm{W}/(\mathrm{m}^2 \cdot \mathrm{K})$ 的材料称为绝热(隔热)材料,一般多具有多孔结构。

由于水的导热系数远高于空气导热系数，对多孔性材料（如建筑材料、隔热材料）来说，材料的含水率对材料导热系数影响较大，因此隔热材料应适当采取防潮措施。各向异性材料也随方向不同而有很大的差异。常见材料的导热系数见表 3-1。[2]

表 3-1 常见材料的导热系数　　　　　　　　　　W/(m² · K)

材料	导热系数	材料	导热系数	材料	导热系数
银	410	铜	385	铝	202
铁	73	钢	36~54	钻石	2300
石英	42	大理石	2.1~3.0	砂岩	1.8
玻璃	0.78	玻璃棉	0.038	水	0.556
空气	0.024				

3.2　知识点　热对流

对流是液体或气体与另一物体表面相接触时，较热部分和较冷部分之间通过循环流动使温度趋于均匀的过程。对流是液体和气体中热传递的特有方式，气体的对流现象比液体明显。对流可分自然对流和强迫对流两种。自然对流往往自然发生，是由于温度不均匀而引起的。强迫对流是由于外界的影响对流体搅拌而形成的。加大液体或气体的流动速度，能加快对流传热。[3,4]

3.2.1　对流换热的牛顿公式

$$Q = -\alpha F \Delta t \tag{3-2}$$

从对流传热的机理来说，流体的传导及质量传输（流体的质点和微团的运动）都起着作用。如果流速很小，则导热具有一定的影响；若流速很大以及冷、热流体之间的掺混对能量传递的贡献很大，则流体本身导热的作用将很小。

自然对流传热是由流体中因密度不同而产生浮升力所引起的换热现象；强迫对流换热是流体在外界压差的作用下，流过换热面。

对流传热示意图如图 3-2 所示。

自然对流：

$$Nu = C(Gr \cdot Pr)^n \tag{3-3}$$

强制对流：

$$Nu = CRe^n Pr^m \tag{3-4}$$

式中，Nu 为努塞尔数，由式 3-6 定义，反映导热热阻与对流热阻之间的比值。

自然对流状况下的换热强度主要取决于流体的受热情况，流体内部的温度差越大，对流运动越激烈，用格拉晓夫数（Gr）来表征。

强迫对流的换热系数主要取决于外力所引起的流速的大小，一般用雷诺数（Re）来表征，雷诺数大小表征了流动状态。

对流换热系数，符号 α，其物理意义表征对流换热的强弱，单位为 W/(m² · K)。

3.2.2　常见对流换热过程的数量级

空气：自然对流，1~10；强制对流，20~100。

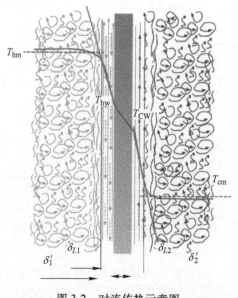

扫一扫
查看彩图

图 3-2　对流传热示意图

水（无相变）：自然对流，200～1000；强制对流，1000～15000。

水（有相变）：凝结，5000～25000；沸腾，2500～35000。

有机蒸汽：凝结，500～2000。

表面传热系数是过程量，与具体的换热过程有关，其一般规律是强制对流强于自然对流（其他条件相同），液体强于气体，有相变强于无相变。

对流换热的机理与紧靠换热面薄膜层流体的热传导有关，它是导热和对流联合作用的结果。表面传热系数与具体的过程有关，不是物性参数。对流换热系数的影响因素有很多，包括流动动力、流动状态、几何因素、有否相变、物性参数等。

3.2.3　对流换热相关的变量

常见无量纲式有雷诺数（Re）、普朗特数（Pr）、格拉晓夫数（Gr）和努塞尔数（Nu）等。

$$Re = \frac{\rho V L}{\mu_f} \tag{3-5}$$

Re 数：反映流体惯性力和黏性力的比值，式中 μ_f 表示动力黏性系数，单位为 Pa·s。

$$Nu = \frac{\alpha L}{\lambda_f} \tag{3-6}$$

Nu 数：导热热阻与对流热阻的比值。

$$Pr = \frac{C_p \mu_f}{\lambda_f} \tag{3-7}$$

Pr 数：由流体物性参数组成，表征分子动量和热扩散系数之比。

$$Gr = \frac{\rho^2 g \beta_T (T_1 - T_2) L^3}{\mu_f^2} \tag{3-8}$$

Gr 数：流体浮升力与黏性力之比。

对于管道内层流流动的情形，当 $(Re_D \cdot Pr \cdot D/L) > 10$ 时，有经验公式：

$$Nu_D = \frac{\alpha D}{\lambda_f} = 1.86 \left(Re_D Pr \frac{D}{L} \right)^{1/3} \left(\frac{\mu_b}{\mu_w} \right)^{0.14} \tag{3-9}$$

许多太阳能集热器中流体的流速很低，由浮力引起的自然对流也会影响对流换热，这种换热情况称为混合对流。如果 Gr/Re_2 在 $1 \sim 10$ 之间及 $L/D > 50$，则：

$$Nu_D = 1.75 \left(Re_D Pr \frac{D}{L} + 0.12 \left(\frac{Gr_D^{1/3} Re_D Pr \cdot D_H}{L} \right)^{4/3} \right)^{1/3} \left(\frac{\mu_b}{\mu_w} \right)^{0.14} \tag{3-10}$$

3.2.4　传热面的特征尺寸

传热面的形状有圆管、翅片管、管束、平板、螺旋板等。传热面相对位置有水平放置、垂直放置以及管内流动和管外沿轴向流动或垂直轴向流动等；或管束中管子排列放置。传热面尺寸有管内径、管外径、管长、平板的宽与长等。通常把对流体流动和传热有决定性影响的尺寸称为特征尺寸，如图 3-3 所示。

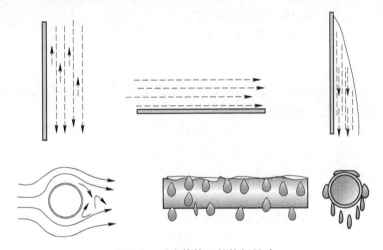

图 3-3　对流传热面的特征尺寸

壁面的形状、尺寸、位置、管排列方式等造成边界层分离，增加湍动，使 α 增大。

3.3　知识点　热辐射

热辐射是物体通过电磁波传递热量的现象，物体因自身的温度而具有向外发射能量的本领，物体的部分热能转变成电磁波（辐射能）向外发射，当它碰到其他物体时，又部分地被后者吸收而重新转变成热能，这种热传递的方式叫作热辐射。热辐射的主要特点是热交换不需要物体间直接接触。

热辐射以电磁辐射的形式发出能量，温度越高，辐射越强。辐射的波长分布情况也随温度而变，如温度较低时，主要以不可见的红外光进行辐射，在 500℃ 直到更高的温度时，则顺次发射可见光直到紫外光线辐射。热辐射是远距离传热的主要方式，如太阳的热量就是以热辐射的形式经过宇宙空间再传给地球的。热辐射是指具有热效应的辐射能，既能被物体吸收，又能转换成热能。热辐射所包含波长范围主要位于 0.3~50m，即紫外、可见光和红外 3 个波段。在工业过程中，物体温度一般在 2000K 以下，其辐射能在红外波段内，因此可将热辐射看成红外线辐射。任何物体只要温度高于绝对零度，都向外发射辐射能。红外成像的照片如图 3-4 所示。[5]

扫一扫
查看彩图

图 3-4　红外拍摄的相片
（图片来源：高德红外）

根据斯蒂芬-玻耳兹曼定律，黑体的辐射力（辐射出射度）与黑体的绝对温度的四次方成正比，且各个方向的定向辐射强度相等。

$$\Phi = \sigma A T^4 \tag{3-11}$$

式中　σ——斯蒂芬-玻耳兹曼常数（5.67×10^{-5} W·m^{-2}·K^{-4}）；

　　　T——绝对温度，K；

　　　A——辐射表面积，m^2。

实际物体辐射力并不严格地满足绝对温度的四次方成正比，辐射强度也小于同等温度时黑体。我们定义物体"发射率"或发射比（也称"黑度"）为相同温度下辐射体的辐射力与黑体的辐射力的比值。"发射率"表征物体的辐射特性，同一物体的发射率与温度和辐射波长有关，对不同方向值也不同。在太阳能热利用中，一般采用半球向全发射率，它是对半球向全波谱辐射的积分值。

$$\Phi = \varepsilon \sigma A T^4 \tag{3-12}$$

式中　ε——物体的发射率或称黑度（$0 < \varepsilon < 1$）。

3.4　知识点　综合传热分析

围护结构的热作用过程。某时刻在内外扰作用下进入房间的总热量叫作该时刻的得热。如果得热小于 0，意味着房间失去热量。

（1）平墙的传热分析如图 3-5 所示。

$$\Phi = h_1 A (T_{\infty,1} - T_1) = \frac{\lambda_1 A}{L_1}(T_1 - T_2)$$

$$= \frac{\lambda_2 A}{L_2}(T_2 - T_3) = h_2 A(T_3 - T_{\infty,2}) \qquad (3\text{-}13)$$

$$\Phi = \frac{T_{\infty,1} - T_{\infty,2}}{\dfrac{1}{h_1 A} + \dfrac{L_1}{\lambda_1 A} + \dfrac{L_2}{\lambda_2 A} + \dfrac{1}{h_2 A}} \qquad (3\text{-}14)$$

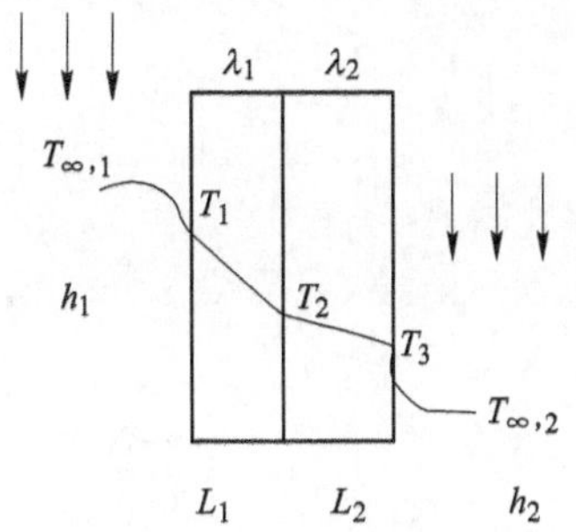

图 3-5 平墙的传热分析

（2）不同的表面对辐射的波长有选择性，如图 3-6 所示。黑色表面对各种波长的辐射几乎都是全部吸收，而白色表面可以反射几乎 90% 的可见光。围护结构的表面越粗糙、颜色越深，吸收率就越高，反射率越低。

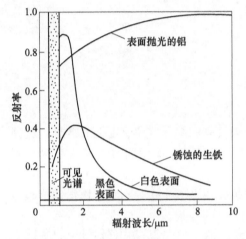

图 3-6 不同表面对辐射的波长选择性

3.5 实验任务 简单的热传导实验

3.5.1 实验材料

（1）铜棒、支架、酒精灯。
（2）温度计、试管夹。

3.5.2 实验步骤

（1）如图 3-7 所示，将铜棒固定在底层支架上，将温度计固定在上层支架上，依次用三种不同材料的导热棒。
（2）点燃酒精灯，加热三种传热棒的共同端，比较观察三个温度计的温度上升快慢。

3.5.3 实验现象

热量通过导体传递，被测端温度逐渐升高。导热系数大的导热棒对应的温度计温度上升快。

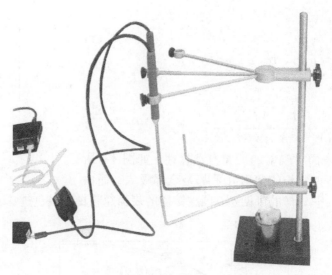

图 3-7　热传导实验

扫一扫
查看彩图

3.5.4　结论

热可以沿着物体，从温度高的部分传到温度低的部分，这种热传递的方式叫作传导。

将铁丝、木棒、塑料棒、玻璃棒、铜棒同时放入装有热水的烧杯中，用手感觉有什么不同？

结论：不同的物体传热的快慢不一样，不同的物体传热能力不一样。

3.6　实验任务　二维导热物体温度场的数值模拟

3.6.1　任务描述

利用计算机软件描述二级导热的温度场。

3.6.2　知识要求

（1）计算机数据处理，基本绘图与编程知识。

（2）微分与偏微分方程知识。

3.6.3　技能要求

学会使用 Excel、MATLAB 等数学工具分析数据。

3.6.4　注意事项

观测二维传热的对称性。

3.6.5 任务实施

3.6.5.1 物理描述

有一个用砖砌成的长方形截面的冷空气通道，其截面尺寸和示意图如图 3-8 所示，假设在垂直纸面方向上冷空气及砖墙的温度变化很小，可以近似地予以忽略。在以下情况下试计算:[6]

（1）砖墙横截面上的温度分布。

（2）垂直于纸面方向的每米长度上通过砖墙的导热量。

1）内外表面均为第三类边界条件，且已知:

$$t_{\infty 1} = 30℃ , h_1 = 10.33W/(m^2 \cdot ℃) \tag{3-15}$$

$$t_{\infty 2} = 10℃ , h_2 = 3.93W/(m^2 \cdot ℃) \tag{3-16}$$

砖墙的导热系数 $\lambda = 0.53W/(m \cdot ℃)$

2）内外壁分布均匀地维持在 10℃ 及 30℃。

3.6.5.2 数学描述

该结构的导热问题可以作为二维问题处理，并且其截面如图 3-8 所示，由于对称性，仅研究其 1/4 部分即可。其网络节点划分如图 3-9 所示。

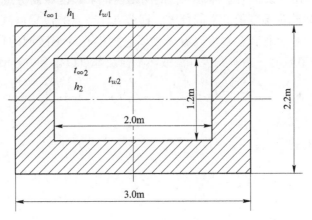

图 3-8 砖砌的长方形截面

上述问题为二维矩形域内的稳态、无内热源、常物性的导热问题，对于这样的物理问题，我们知道，描写其的微分方程即控制方程，就是导热微分方程:

$$\frac{\partial^2 t}{\partial x^2} + \frac{\partial^2 t}{\partial y^2} = 0 \tag{3-17}$$

第三类边界条件:内外表面均为第三类边界条件，且已知:

$$t_{\infty 1} = 30℃ , h_1 = 10.33W/(m^2 \cdot ℃) \tag{3-18}$$

$$t_{\infty 2} = 10℃ , h_2 = 3.93W/(m^2 \cdot ℃) \tag{3-19}$$

砖墙的导热系数 $\lambda = 0.53W/(m \cdot ℃)$

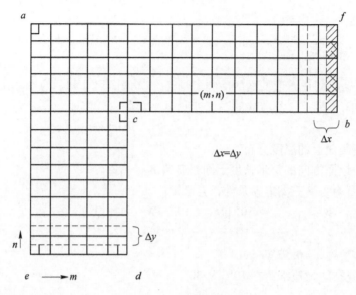

图 3-9　网络节点划分

3.6.5.3　方程的离散

如图 3-9 所示，用一系列与坐标轴平行的网络线把求解区域划分成许多子区域，以网格线的交点作为需要确定温度值的空间位置，即节点，节点的位置以该点在两个方向上的标号 m、n 来表示。每一个节点都可以看成是以它为中心的小区域的代表，如（m，n）：

对于（m，n）为内节点时：由级数展开法或热平衡法都可以得到，当 $\Delta x = \Delta y$ 时：

$$t_{m,n} = \frac{1}{4}(t_{m+1,n} + t_{m-1,n} + t_{m,n+1} + t_{m,n-1}) \tag{3-20}$$

对于（m，n）为边界节点时。

位于平直边界上的节点：

$$t_{m,n} = \frac{1}{4}(t_{m+1,n} + 2t_{m-1,n} + t_{m,n-1}) \tag{3-21}$$

外部角点：见图 3-9 中 a、b、d、e、f 点。

$$t_{m,n} = \frac{1}{2}(t_{m-1,n} + t_{m,n-1}) \tag{3-22}$$

内部角点：见图 3-9 中 c 点。

$$t_{m,n} = \frac{1}{6}(t_{m+1,n} + 2t_{m-1,n} + 2t_{m,n+1} + t_{m,n-1}) \tag{3-23}$$

由已知条件看，当 $m=1$ 或 $n=13$ 时的节点的温度恒为 $t_{w1}=30$℃，当（$m=5$ 且 $n<9$）和（$n=8$ 且 $5<m<15$）时的节点的温度为 $t_{w2}=10$℃。

3.6.5.4　编程思路及流程图

程序流程如图 3-10 所示。

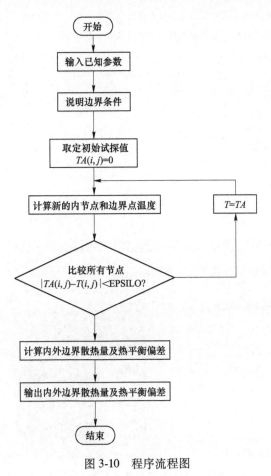

图 3-10 程序流程图

3.6.5.5 运行结果模拟

第三类边界条件：假设区域内无内热源，导热系数为常数，内外表面均为第三类边界条件且已知 $t_1 = 30$；$t_2 = 0$；$h_1 = 10.33$；$h_2 = 3.93$；$LMD = 0.53$；求该矩形区域内的温度分布及垂直于纸面方向的单位长度上通过墙体的导热量。可以用 C 语言编程求解，程序及过程略，下面将求解的结果在 MATLAB 里进行数值模拟，可以看出温度场分布。[7-9]

数值模拟程序（MATLAB）：

z = [30.0 30.0 30.0 30.0 30.0 30.0 30.0 30.0 30.0 30.0 30.0 30.0 30.0 30.0 30.0 30.0;
30.0 29.0 28.1 27.1 26.2 25.5 24.9 24.5 24.3 24.2 24.1 24.1 24.0 24.0 24.0 24.0;
30.0 28.1 26.1 24.2 22.3 20.7 19.6 18.9 18.5 18.3 18.2 18.1 18.0 18.0 18.0 18.0;
30.0 27.1 24.2 21.2 18.1 15.5 13.9 13.0 12.5 12.3 12.2 12.1 12.0 12.0 12.0 12.0;
30.0 26.2 22.3 18.1 13.6 9.1 7.4 6.7 6.4 6.2 6.1 6.1 6.0 6.0 6.0 6.0;
30.0 25.5 20.7 15.5 9.1 0.0 0.0 0.0 0.0 0.0 0.0 0.0 0.0 0.0 0.0 0.0;
30.0 24.9 19.6 13.9 7.4 0.0 0.0 0.0 0.0 0.0 0.0 0.0 0.0 0.0 0.0 0.0;
30.0 24.5 18.9 13.0 6.7 0.0 0.0 0.0 0.0 0.0 0.0 0.0 0.0 0.0 0.0 0.0;
30.0 24.3 18.5 12.6 6.4 0.0 0.0 0.0 0.0 0.0 0.0 0.0 0.0 0.0 0.0 0.0;
30.0 24.2 18.3 12.3 6.2 0.0 0.0 0.0 0.0 0.0 0.0 0.0 0.0 0.0 0.0 0.0;

30. 0 24. 1 18. 2 12. 2 6. 1 0. 0 0. 0 0. 0 0. 0 0. 0 0. 0 0. 0 0. 0 0. 0 0. 0 0. 0;

30. 0 24. 1 18. 2 12. 2 6. 1 0. 0 0. 0 0. 0 0. 0 0. 0 0. 0 0. 0 0. 0 0. 0 0. 0 0. 0];

```
v = [12 18 24];
x = 1:1:12;
y = 1:1:16;
[xx,yy] = meshgrid(y,x);
surf(xx,yy,z);colorbar;xlabel('x');ylabel('y');zlabel('z');
az = 0; el = -90;view(az,el);
shading interp;
axis tight;
figure,contour(xx,yy,z,v);
grid on
```

数值模拟结果如图 3-11 所示,左右分别为温度特性曲线和温度分布图。

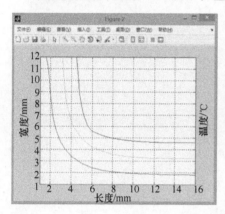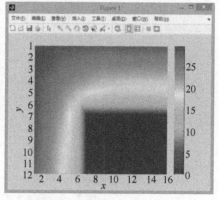

图 3-11　温度特性曲线和温度分布图

扫一扫
查看彩图

3.7　实验任务　气—汽对流传热综合实验

3.7.1　任务描述

(1) 掌握对流传热系数 α_i 的测定方法,加深对其概念和影响因素的理解。

(2) 应用线性回归分析方法,确定关联式 $Nu = ARe^m Pr^{0.4}$ 中常数 A、m 的值。

(3) 通过对管程内部插有螺旋线圈的空气—水蒸气强化套管换热器的实验研究,测定其强化比 Nu/Nu_0,了解强化传热的基本理论和基本方式。

3.7.2　实验原理

本实验采用套管换热器,以流动的饱和水蒸气加热管内空气,水蒸气和空气间的传热过程由三个传热环节组成:水蒸气在管外壁的冷凝传热,管壁的热传导以及管内空气对管内壁的对流传热。本实验装置采用两组套管换热器,即光滑套管换热器及强化套管换热器。[10,11]

3.7.2.1 光滑套管换热器传热系数及其准数关联式的测定

A 对流传热系数α_i的测定

空气走内管，蒸汽走外管。对流传热系数α_i可以根据牛顿冷却定律，用实验测定为

$$\alpha_i = \frac{Q_i}{\Delta t_m \times S_i} \tag{3-24}$$

式中　α_i——管内流体对流传热系数，$W/(m^2 \cdot ℃)$；

　　　Q_i——管内传热速率，W；

　　　S_i——管内换热面积，m^2；

　　　Δt_m——内壁面与流体间的温差，$℃$。

Δt_m由右式确定为

$$\Delta t_m = t_w - \frac{t_1 + t_2}{2} \tag{3-25}$$

式中　t_1，t_2——冷流体的入口、出口温度，$℃$；

　　　t_w——壁面平均温度，$℃$。

因为换热器内管为紫铜管，其导热系数很大，且管壁很薄，故认为内壁温度、外壁温度和壁面温度近似相等，用t_w来表示。

管内换热面积：

$$S_i = \pi d_i L_i \tag{3-26}$$

式中　d_i——内管内径，m；

　　　L_i——传热管测量段的实际长度，m。

由热量衡算式为

$$Q_i = W_m Cp_m(t_2 - t_1) \tag{3-27}$$

其中质量流量由右式求得

$$W_m = \frac{V_m \rho_m}{3600} \tag{3-28}$$

式中　V_m——冷流体在套管内的平均体积流量，m^3/h；

　　　Cp_m——冷流体的定压比热，$kJ/(kg \cdot ℃)$；

　　　ρ_m——冷流体的密度，kg/m^3。

Cp_m和ρ_m可根据定性温度t_m查得，$t_m = \frac{t_1+t_2}{2}$为冷流体进出口平均温度。t_1、t_2、t_w、V_m可采取一定的测量手段得到。

B 对流传热系数准数关系式的实验确定

流体在管内做强制湍流，被加热状态，准数关联式的形式为

$$Nu = ARe^m Pr^n \tag{3-29}$$

式中，$Nu = \frac{\alpha_i d_i}{\lambda_i}$；$Re = \frac{u_m d_i \rho_m}{\mu_m}$；$Pr = \frac{Cp_m \mu_m}{\lambda_m}$；物性数据$\lambda_m$、$Cp_m$、$\rho_m$、$\mu_m$可根据定性温度$t_m$查得。经计算可知，对于管内被加热的空气，普朗特常数Pr变化不大，可认为是常数，

则关联式的形式简化为

$$Nu = ARe^m Pr^{0.4} \tag{3-30}$$

这样通过实验确定不同流量下的 Re 与 Pr，然后用线性回归方法确定 A、m 的值。

3.7.2.2　强化管换热器传热系数、准数关联式及强化比的测定

强化传热又被学术界称为第二代传热技术，它能减小初设计的传热面积，以减小换热器的体积和重量；提高现有换热器的换热能力；使换热器能在较低温差下工作；并且能够减少换热器的阻力以减少换热器的动力消耗，更有效地利用能源和资金。强化传热的方法有多种，本实验装置是采用在换热器内管插入螺旋线圈的方法来强化传热的。

螺旋线圈的结构图如图 3-12 所示，螺旋线圈由直径 3mm 以下的铜丝和钢丝按一定节距绕成。将金属螺旋线圈插入并固定在管内，即可构成一种强化传热管。在近壁区域，流体一面由于螺旋线圈的作用而发生旋转，一面还周期性地受到线圈的螺旋金属丝的扰动，因而可以使传热强化。由于绕制线圈的金属丝直径很细，流体旋流强度也较弱，所以阻力较小，有利于节省能源。螺旋线圈是以线圈节距 H 与管内径 d 的比值技术参数，且长径比是影响传热效果和阻力系数的重要因素。科学家通过实验研究总结了形式为 $Nu = BRe^m$ 的经验公式，其中 B 和 m 的值因螺旋丝尺寸不同而不同。[12,13]

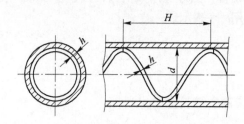

图 3-12　螺旋线圈内部结构图

采用和光滑套管同样的实验方法确定不同流量下的 Re 和 Nu，用线性回归方法可确定 B 和 m 的值。

单纯研究强化手段的强化效果（不考虑阻力的影响），可以用强化比的概念作为评判准则，它的形式是：Nu/Nu_0，其中 Nu 是强化管的努塞尔数，Nu_0 是普通管的努塞尔数，显然，强化比 $Nu/Nu_0 > 1$，而且它的值越大，强化效果越好。

3.7.3　实验流程设备主要技术数据

3.7.3.1　设备主要技术数据见表 3-2。

表 3-2　实验装置结构参数

实验内管内径 d_i/mm	20.00
实验内管外径 d_o/mm	22.0
实验外管内径 D_i/mm	50
实验外管外径 D_o/mm	57.0
测量段（紫铜内管）长度 L/m	1.00

续表3-2

强化内管内插物	丝径 h/mm	1
（螺旋线圈）尺寸	节距 H/mm	40
加热釜	操作电压/V	≤200
	操作电流/A	≤10

3.7.3.2 实验的测量手段

A 空气流量的测量

空气流量计由孔板与差压变送器和二次仪表组成。该孔板流量计在20℃时标定的流量和压差的关系为

$$V_{20} = 22.694 \times (\Delta P)^{0.5} \qquad (3-31)$$

式中 V_{20}——20℃下的体积流量，m^3/h；

ΔP——孔板两端压差，kPa。

由于换热器内温度的变化，传热管内的体积流量需进行校正为

$$V_m = V_{20} \times \frac{273 + t_m}{273 + t_1} \qquad (3-32)$$

式中 t_1——空气入口温度（及流量计处温度），℃。

B 温度的测量

空气进出口温度采用Cu50铜电阻温度计测得，由多路巡检表以数值形式显示（1—普通管空气进口温度，2—普通管空气出口温度；3—强化管空气进口温度，4—强化管空气出口温度）。壁温采用热电偶温度计测量，光滑管的壁温由显示表的上排数据读出，强化管的壁温由显示管的下排读数读出。

C 电加热釜

电加热釜是产生水蒸气的装置，使用体积为7L（加水至液位计的上端红线），内装有一支2.5kW的螺旋形电热器，当水温为30℃时，用200V电压加热，约25min后水便沸腾，为了安全和长久使用，建议最高加热（使用）电压不超过200V（由固态调压器调节）。

D 气源（鼓风机）

气源（鼓风机）又称旋涡气泵，XGB—2型，由无锡市仪表二厂生产，电机功率约0.75kW（使用三相电源），在本实验装置上，产生的最大和最小空气流量基本满足要求，使用过程中，输出空气的温度呈上升趋势。

3.7.3.3 实验设备流程（见图3-13）

3.7.4 注意事项

（1）检查蒸汽加热釜中的水位是否在正常范围内。特别是每个实验结束后，进行下一实验之前，如果发现水位过低，应及时补给水量。

（2）必须保证蒸汽上升管线的畅通。即在给蒸汽加热釜电压之前，两蒸汽支路阀门之一必须全开。在转换支路时，应先开启需要的支路阀，再关闭另一侧，且开启和关闭阀门必须缓慢，防止管线截断或蒸汽压力过大突然喷出。

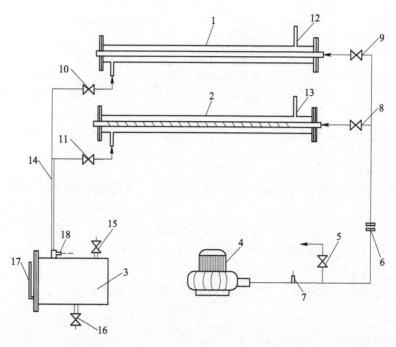

图 3-13　空气—水蒸气传热综合实验装置流程

1—普通套管换热器；2—内插有螺旋线圈的强化套管换热器；3—蒸汽发生器；4—旋涡气泵；

5—旁路调节阀；6—孔板流量计；7—风机出口温度（冷流体入口温度）测试点；

8，9—空气支路控制阀；10，11—蒸汽支路控制阀；12，13—蒸汽放空口；

14—蒸汽上升主管路；15—加水口；16—放水口；17—液位计；18—冷凝液回流口

（3）必须保证空气管线的畅通。即在接通风机电源之前，两个空气支路控制阀之一和旁路调节阀必须全开。在转换支路时，应先关闭风机电源，然后开启和关闭支路阀。

（4）调节流量后，应至少稳定 3~8min 后读取实验数据。

（5）实验中保持上升蒸汽量的稳定，不应改变加热电压，且保证蒸汽放空口一直有蒸汽放出。

3.7.5　任务实施

（1）实验前的准备，检查工作。

1）向电加热釜加水至液位计上端红线处。

2）向冰水保温瓶中加入适量的冰水，并将冷端补偿热电偶插入其中。

3）检查空气流量旁路调节阀是否全开。

4）检查蒸汽管支路各控制阀是否已打开。保证蒸汽和空气管线的畅通。

5）接通电源总闸，设定加热电压，启动电加热器开关，开始加热。

（2）实验开始。

1）关闭通向强化套管的阀门 11，打开通向光滑套管的阀门 10，当光滑套管换热器的放空口 12 有水蒸气冒出时，可启动风机，此时要关闭阀门 8，打开阀门 9。在整个实验过程中始终保持换热器出口处有水蒸气冒出。

2）启动风机后用放空阀 5 来调节流量，调好某一流量后稳定 5~10min 后，分别测量空气的流量，空气进、出口的温度及壁面温度。然后，改变流量测量下组数据。一般从小流量到最大流量之间，要测量 5~6 组数据。

3）做完光滑套管换热器的数据后，要进行强化管换热器实验。先打开蒸汽支路阀 11，全部打开空气旁路阀 5，关闭蒸汽支路阀 10，打开空气支路阀 9，关闭空气支路阀 8，进行强化管传热实验。实验方法同步骤 2）。

（3）实验结束后，依次关闭加热电源、风机和总电源。一切复原。

3.7.6 实验数据记录与处理

3.7.6.1 光滑套管换热器传热系数及其准数关联式的测定

A 实验数据记录与整理

实验数据记录与整理见表 3-3（计算过程在下面第 2 步）。

表 3-3 光滑管换热器原始数据及数据整理表

| 传热管内径 d_i：0.020m 有效长度：1.00m | | | | |
| 冷流体：空气（管内） 流体：蒸汽（管外） | | | | |
组数	1	2	3	4
孔板压差 $\Delta P/\text{kPa}$	0.22	1.20	2.23	3.20
空气入口温度 $t_1/℃$	30.9	31.5	31.9	32.4
空气入口温度 $t_2/℃$	73.9	67.5	65.8	66.6
壁面温度 $t_w/℃$	99.7	99.7	99.7	99.7
管内平均温度 $t_m/℃$	52.4	49.5	48.85	49.5
$\rho_m/\text{kg} \cdot \text{m}^{-3}$	1.085	1.093	1.097	1.093
$\lambda_m/\text{W} \cdot (\text{m} \cdot \text{K})^{-1}$	0.0285	0.0283	0.0282	0.0283
$Cp_m/\text{J} \cdot (\text{kg} \cdot \text{K})^{-1}$	1005	1005	1005	1005
$\mu_m/\text{Pa} \cdot \text{s}$	0.0000197	0.0000196	0.0000196	0.0000196
空气进出口温差 $\Delta t/℃$	43	36	33.9	34.2
平均温差 $\Delta t_m/℃$	47.30	50.20	50.85	50.20
20℃时空气流量 $V_{20}/\text{m}^3 \cdot \text{h}^{-1}$	10.64	24.86	33.89	40.60
管内平均流量 $V_m/\text{m}^3 \cdot \text{h}^{-1}$	11.40	26.33	35.77	42.87
平均流速 $u_m/\text{m} \cdot \text{s}^{-1}$	10.08	23.28	31.63	37.90
传热量 Q/W	148.45	289.22	371.39	447.36
$\alpha_i/\text{W} \cdot (\text{m}^2 \cdot ℃)^{-1}$	49.94	91.68	116.23	141.81
Re	11099.26	25961.48	35402.30	42269.99
Nu	35.05	64.79	82.43	100.22
Pr	0.695	0.696	0.699	0.696
$Nu/Pr^{0.4}$	40.55	74.90	95.15	115.85

B 实验数据的计算过程（以第1列数据为例）

孔板流量计压差 $\Delta P = 0.22\text{kPa}$、空气入口温度 $t_1 = 30.9℃$、空气出口温度 $t_2 = 73.9℃$、壁面温度 $t_w = 99.7℃$。

已知数据及有关常数。

（1）传热管内径 $d_i(\text{mm})$ 及流通截面积 $F_i(\text{m}^2)$。

$$d_i = 20.0(\text{mm}) = 0.0200\text{m}$$

$$F_i = \pi d_i^2 / 4 = 3.142 \times 0.200^2 / 4 = 0.0003142\text{m}^2$$

（2）传热管有效长度 $L(\text{m})$ 及传热面积 $S_i(\text{m}^2)$。

$$L = 1.00\text{m}$$

管内换热面积：$S_i = \pi d_i L_i = 3.142 \times 1.00 \times 0.0200 = 0.06284\text{m}^2$

（3）空气平均物性常数的确定。

先算出空气的定性温度 t_m，$t_m = \dfrac{t_1 + t_2}{2} = 52.4℃$

在此温度下空气的物性数据如下：

平均密度 $\rho_m = 1.085\text{kg/m}^3$；

平均比热 $Cp_m = 1005\text{J/(kg·K)}$；

平均导热系数 $\lambda_m = 0.0285\text{W/(m·K)}$；

平均黏度 $\mu_m = 0.0000197\text{Pa·s}$；

（4）空气流过换热器内管时的平均体积流量 V_m 和平均流速 u_m 的计算。

在20℃时标定的孔板流量计体积流量：

$$V_{20} = 22.694 \times (\Delta P)^{0.5} = 22.694 \times (0.22)^{0.5} = 10.64\text{m}^3/\text{h}$$

因为流量计处的温度不是20℃，需进行校正，传热管内的体积流量 V_m：

$$V_m = V_{20} \times \frac{273 + t_m}{273 + t_1} = 10.64 \times \frac{273 + 52.4}{273 + 30.9} = 11.40\text{m}^3/\text{h}$$

平均流速 u_m：

$$u_m = \frac{V_m}{3600 \times F_i} = \frac{11.39}{3600 \times 0.0003142} = 10.08\text{m/s}$$

（5）壁面和冷热流体间的平均温度差 Δt_m 的计算。

$$\Delta t_m = t_w - \frac{t_1 + t_2}{2} = 99.7 - \frac{30.9 + 73.9}{2} = 47.3℃$$

（6）传热速率。

$$Q = \frac{V_m \rho_m}{3600} Cp_m (t_2 - t_1) = \frac{11.39 \times 1.085 \times 1005 \times (73.9 - 30.9)}{3600} = 148.45\text{W}$$

（7）管内传热系数。

$$\alpha_i = \frac{Q_i}{\Delta t_m \times S_i} = \frac{148.35}{47.3 \times 0.06284} = 49.94\text{W/(m}^2\text{·℃)}$$

（8）传热准数：$Nu = \dfrac{\alpha_i d_i}{\lambda_i} = \dfrac{49.91 \times 0.0200}{0.0285} = 35.05$

雷诺准数：$Re = \dfrac{u_m d_i \rho_m}{\mu_m} = \dfrac{10.07 \times 0.0200 \times 1.085}{0.0000197} = 11099.26$

普朗特常数：$Pr = \dfrac{Cp_m \mu_m}{\lambda_m} = \dfrac{1005 \times 0.0000197}{0.0285} = 0.695$

其他组数据的处理方法同上，处理结果见表 3-3。

(9) 求关联式 $Nu = ARe^m Pr^{0.4}$ 中的常数项。

以 $Nu/Pr^{0.4}$ 为纵坐标，Re 为横坐标，在对数坐标系上标绘 $Nu/Pr^{0.4} \sim Re$ 关系，见图 3-15直线 II。

由图 3-15 得线性回归方程如下：$y = 0.0317x^{0.7667}$，$R^2 = 0.9956$

即 $Nu = 0.0317 Re^{0.7667} Pr^{0.4}$

3.7.6.2 强化管换热器传热系数、准数关联式及强化比的测定

A 实验数据记录与整理

实验数据记录与整理表见表 3-4（计算过程在下面第 2 步）。

表 3-4 强化管换热器原始数据及数据整理表

传热管内径d_i：0.020m 有效长度：1.00m 冷流体：空气（管内） 流体：蒸汽（管外）				
组数	1	2	3	4
孔板压差 ΔP/kPa	0.20	0.72	1.19	1.72
空气入口温度t_1/℃	37.4	39.1	41.6	44.1
空气入口温度t_2/℃	91.7	87.7	85.1	83.9
壁面温度t_w/℃	99.7	99.7	99.7	99.7
管内平均温度t_m/℃	64.55	63.40	63.35	64.00
ρ_m/kg·m^{-3}	1.044	1.049	1.049	1.045
λ_m/W·(m·K)$^{-1}$	0.0293	0.0292	0.0292	0.0293
Cp_m/J·(kg·K)$^{-1}$	1007	1007	1007	1007
μ_m/Pa·s	0.0000203	0.0000202	0.0000202	0.0000203
空气进出口温差 Δt/℃	54.3	48.6	43.5	39.8
平均温差 Δt_m/℃	35.15	36.30	36.35	35.70
20℃时空气流量V_{20}/m^3·h^{-1}	10.15	19.26	24.76	29.76
管内平均流量V_m/m^3·h^{-1}	11.04	20.76	26.47	31.63
平均流速u_m/m·s^{-1}	9.76	18.35	23.40	27.96
传热量 Q/W	175.01	295.99	337.84	367.99
α_i/W·(m^2·℃)$^{-1}$	79.23	129.76	147.90	164.03
Re	10036.17	19058.33	24303.16	28790.59
Nu	54.08	88.88	101.30	111.97
Pr	0.698	0.697	0.697	0.698
$Nu/Pr^{0.4}$	62.46	102.70	117.06	129.31
Nu_0	32.11	52.47	63.22	72.03
Nu/Nu_0	1.68	1.69	1.60	1.55

B　实验数据的计算过程

（1）重复光滑管数据计算过程中的（1）~（8）步，并将数据结果填到表 3-4。

（2）求强化套管换热器关联式 $Nu = ARe^m Pr^{0.4}$ 中的常数项。

以 $Nu/Pr^{0.4}$ 为纵坐标，Re 为横坐标，在对数坐标系上标绘 $Nu/Pr^{0.4} \sim Re$ 关系，见图 3-15 直线 Ⅰ。得线性回归方程如下：$y = 0.1032x^{0.6967}$，$R^2 = 0.9938$

即 $Nu = 0.1032Re^{0.6967} Pr^{0.4}$

（3）强化比 Nu/Nu_0 的计算。

将强化套管换热器求得的 Re 数代入光滑套管换热器所得的准数关联式中，可以得到 Nu_0。

见表 3-4 中第 1 组数据：$Re = 10036.17$，$Pr = 0.698$，$Nu = 54.08$

$Nu_0 = 0.0317Re^{0.7667} Pr^{0.4} = 0.0317 \times 10036.17^{0.7667} \times 0.698^{0.4} = 32.11$

$$Nu/Nu_0 = \frac{54.08}{32.11} = 1.68$$

即强化套管换热器的传热能力比光滑套管增强了 1.68 倍。

3.7.6.3　绘图

A　分析 K_0-Re 关系曲线和 α_i-Re 关系曲线

计算出不同流量下的传热系数 K_0 的值，绘出传热系数 K_0 与雷诺数 Re 的关系曲线，如图 3-14（a）所示。流体刚进入湍流时，Re 值对 K_0 几乎没有影响，随着 Re 值的不断增大，传热系数 K_0 与 Re 呈线性关系。

同理，根据实验数据绘出管内对流传热系数 α_i 随雷诺数 Re 的关系曲线，如图 3-14（b）所示；由图可知，对流传热系数 α_i 开始时随着雷诺数 Re 的增大而增大，几乎呈线性上升，但随着 Re 的增大，α_i 增长速率逐渐减小，Re 到达一个临界值时，α_i 开始减小。

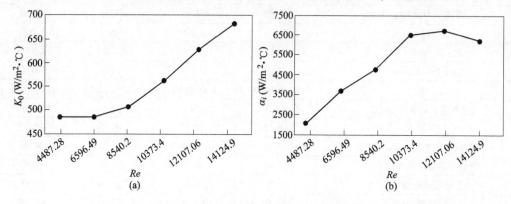

图 3-14　K_0-Re 关系曲线和 α_i-Re 关系曲线

B　A 和 m 数据拟合

以 $Nu/Pr^{0.4}$ 为纵坐标，Re 为横坐标，在对数坐标系上标绘 $Nu/Pr^{0.4} \sim Re$ 关系，根据表 3-3 和表 3-4 中的数据作图 3-15，得到 A、m 拟合曲线。

由 $Nu = ARe^m Pr^{0.4}$ 可得 $\dfrac{Nu}{Pr^{0.4}} = ARe^m$

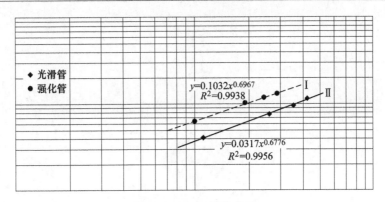

图 3-15 A、m 拟合曲线

根据上述实验数据处理可得，见表 3-5。

表 3-5 实验数据处理

	$\alpha_i/W \cdot m^{-2} \cdot ℃^{-1}$	49.94	91.68	116.23	141.81
光滑管	A	0.0317			
	m	0.7667			
	$\alpha_i/W \cdot m^{-2} \cdot ℃^{-1}$	79.23	129.76	147.90	164.03
强化管	A	0.1032			
	m	0.6967			

3.8 实验任务 克鲁克斯辐射计试验

克鲁克斯辐射计是 1875 年由英国著名物理学家克鲁克斯发明的，用来检测光和热辐射，它的构造如图 3-16 所示：克鲁克斯辐射计是由手工吹制的水晶玻璃，也被称为光压风车。从一个密封的玻璃球壳内，它包含了真空的一部分，在玻璃体内装有一个由上下两个玻璃凹坑作为轴承的直立轴，轴的上部相隔 90° 有四个与主轴平行的金属片做成的叶片，通过细钢丝与主轴垂直相连，金属片的两侧面分别为白色及黑色，当有足够强的阳光或强钨丝灯光照射到叶片上时，叶片就开始绕直立轴转动，辐射越强，转速越快，在光源恒定的情况下，需要数十秒钟才能达到可能的最高速度。按照辐射理论黑面吸收热和光的辐射，白面反射热和光辐射，由于叶片对其表面附近的气体分子（因为玻璃容器中还残存有气体）加热，使黑色表面附近的气体温度较高，因此分子运动速度较大。由于气体分子运动时对黑色叶片表面的反作用力比白色一面大，因此使叶片旋转，并且旋转方向必定是黑色一面向白色一面转。因此，当黑面和白面的方向选定后（出厂时已经确定），当它受强光照射时必定顺时针转动（自上而下俯视），而绝不可能逆时针转动。当不再接受辐射热而逐渐冷却时，叶片则反向旋转，用冰水浇淋，观察辐射计叶片转动的方向是反向的。

玻璃泡内的真空程度是辐射计能否正常工作的关键。如果泡内不是真空（也就是说里面充满了空气），叶片会由于阻力过大而无法转动。如果泡内接近完全真空，叶片也不会旋转（除非叶片是以无摩擦方式固定的）。如果支持叶片的装置之间没有摩擦力，而玻璃泡内又为完全真空，则从叶片的银色面弹出的光子会推动叶片转动。但这一推力仍非常微弱。

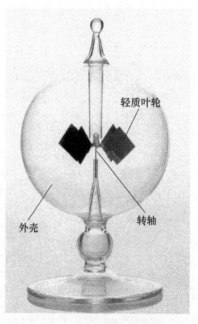

图 3-16　克鲁克斯辐射计

扫一扫
查看彩图

　　如果玻璃泡内为高度真空而非完全真空，那么在叶片的边缘会发生另一种称为热发散的效应，这种效应使我们看到的旋转就像是光在推动叶片的黑色面。叶片的黑色面会沿远离光的方向运动。[14]

3.9　任务汇报及考核

　　（1）什么是边界条件，第三类边界条件是指什么？

_____

_____

考核：[　　　　　　　　　　　　　　　　　]

　　（2）观察一下电压力锅，看看哪些部件是用来加强热传导，哪些部件是阻碍热传导的？

_____

_____

考核：[　　　　　　　　　　　　　　　　　]

3.10　思考与提升

3.10.1　热传导的温度场分布

　　在光伏电站维护时，常用无人机+热成像仪的方式对电站进行维护。例如，某型号无人机搭载 800 像素×600 像素高分辨率红外热成像云台，可以通过对温度的精准感知，分析红外热像图呈现的温度异常情况，迅速从上万个光伏板中确定异常发热点，从而判断光伏板的受损情况，其超高的分辨率可以清晰地呈现光伏板的细节，获得真实细腻的监测画面，在高空实现对光伏组件热斑效应等问题的巡检，最大限度杜绝各种隐患，做好预防及补救措施，大幅度削减人工检测费用，提高检测效率。图 3-17 是红外热成像仪拍到的电站红外照片。

图 3-17　红外热成像云台拍摄的光伏电站照片
（图片支持：广东省质量监督检验研究院）

扫一扫
查看彩图

3.10.2　光压风车与克鲁克斯辐射计

"光压风车"利用了光压原理，光对被照射物体单位面积上所施加的压力叫作光压，也称为辐射压强。经典电磁理论和量子理论都指出，当物体完全吸收正入射的光辐射时，光压等于光波的能量密度；若物体是完全反射体，则光压等于光波能量密度的 2 倍。麦克斯韦依据经典电磁理论首先指出了光压的存在。光压的存在说明了电磁波具有动量，因而是电磁场物质性的有力证明，爱因斯坦光子假设又进一步说明了光压存在的合理性。按照光子说的观点，光压是光子把它的动量传递给物体的结果，光压的测量是很困难的，因为在通常的实验条件下，光压力只有 $10^{-6} \sim 10^{-7} \mathrm{N} \cdot \mathrm{m}^{-2}$。本章我们做实验所用的克鲁克斯辐射计，叶片转动的原理是气体压强差。它的转动体现的不是光压。二者的比较见表 3-6。[15]

表 3-6　结构对比表

对比项	克鲁克斯辐射计	光压风车
	针尖上是一个黑白片相间的叶片转轮	针尖上是一个黑白片相间的叶片转轮
球泡	4 个叶片	4 个叶片
	球泡内半真空	球泡内高度真空
光源发射器	普通白炽灯	激光器

3.10.3　建筑能耗模拟分析软件

建筑能耗模拟软件有很多，典型的有美国（DOE-2、BLAST、EnergyPlus、NBSLD）、英国（ESP）、日本（HASP）和中国（DeST）。其中 DeST 是 20 世纪 90 年代清华大学开发的建筑与 HVAC 系统分析和辅助设计软件。负荷模拟部分采用状态空间法，把建筑物的热过程模型表示成：$CT = AT + Bu$，状态空间法的求解是在空间上进行离散，在时间上保持连续。其解的稳定性及误差与时间步长无关，因此求解过程所取时间步长可大至 1h，小至数秒钟。但状态空间法与反应系数法相同之处是均要求系统线性化，不能处理相变墙体材料、变表面换热系数、变物性等非线性问题。[16]

3.11　练 习 巩 固

（1）名词解释：热传导、热对流、热辐射。

（2）简答题。

1）请列出热传导公式，并说明每个变量的意义和单位。

2）请列出热对流公式，并说明每个变量的意义和单位。

3）请列出热辐射公式，并说明每个变量的意义和单位。

4）请列出与热对流有关的参数，并说明其公式和意义。

5）影响对流传热系数的因素有哪些？

（3）作图题：请画出一个保温瓶的剖面图，并说明其保温原理。

（4）计算题。

1）将 1000kg 的水从 20℃加热到 100℃需要消耗多少度电？

2）你每天洗澡需要消耗多少度的水，多少升？假如环境水温为 20℃，你一个人需要多少度电来洗一个舒服的热水澡。

参 考 文 献

［1］仇卫华. 激光表面强化中温度场与热应力场的数值模拟与分析［D］. 南京：南京航空航天大学，2008.

［2］张志鹏. 注射模冷却系统与加热系统设计［J］. 模具制造，2011，11（1）：49-55.

［3］王岩，陈俊杰. 对流换热系数测量及计算方法［J］. 液压与气动，2016（4）：14-20.

［4］陈刚，刘教民，谭东杰. 低压断路器灭弧室温度检测［J］. 北华航天工业学院学报，2007（4）：13-14.

［5］王珂. Cr_2O_3 太阳能选择性吸收薄膜的制备与研究［D］. 武汉：武汉理工大学，2011.

［6］朱新华，朱立光，孟娜，孙向东. 圆坯凝固传热-应力耦合模型的建立与优化分析［J］. 材料热处理学报，2015，36（10）：248-254.

［7］徐凯，石利娜，吴东垠. 基于 Matlab 导热问题的数值模拟［J］. 上海工程技术大学学报，2016（4）.

［8］周振红，郭恒亮，张君静，等. Fortran 90/95 高级程序设计［M］. 郑州：黄河水利出版社，2005.

［9］杨世铭，陶文铨. 传热学［M］. 4 版. 北京：高等教育出版社，2006.

［10］北京师范大学化学实验教学中心. 气-汽对流传热综合实验报告［J］. 化学测量与计算实验Ⅱ，2017.6：1-12.

[11] 梁克中，黄美英，王世成，方思勇. 对流传热综合实验装置的改进及应用 [J]. 山东化工，2021，50（3）：224-227.

[12] 齐济，刘春艳，方兴蒙，姚暄泽，石松. 管式换热器传热系数的研究 [J]. 大连民族大学学报，2021，23（1）：16-30.

[13] 倪双全. 水平椭圆管蒸发式冷凝器传热传质实验研究 [D]. 大连：大连理工大学，2018.

[14] 姜锦龙，任伟德. 克鲁克斯辐射计及其应用 [J]. 教学仪器与实验，2007（10）：58-59.

[15] 胡滨，陈杰，潘玮，等. 真的"光压风车"之辨析 [J]. 物理通报，2011，40（8）：3.

[16] 王臻. 华北地区绿色住宅建筑储能及其经济性分析研究 [D]. 邯郸：河北工程大学，2010.

项目 4　太阳能热水器与热水工程

太阳能热水器是利用吸热和保温装置（真空管集热器集热或平板集热器等）吸收太阳能热量，最大限度的实现光热转换，经自动微循环或强制循环把热量传送到保温水箱里，使保温水箱里的水温升高，再通过专用水管至用户的系统。太阳能将水从低温加热到高温，以满足人们在日常生活和工农业生产中的热水使用。目前，太阳能热水器按结构形式分为真空管式太阳能热水器和平板式太阳能热水器，这是一个低成本且环保的热水解决方案。

4.1　知识点　太阳能热水系统工作原理

这是将太阳能转换成热能以加热水的装置。通常包括太阳能集热器、贮水箱、泵、连接管道、支架、控制系统和必要时配合使用的辅助能源（GB/T 50364—2005）。

4.1.1　太阳能热水系统不同的工况

太阳能热水系统的工作原理如图 4-1 所示，分为 6 种不同的工况。[1]

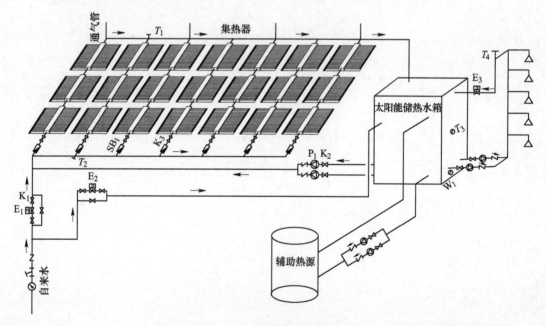

图 4-1　太阳能热水器工作原理

（1）当光照充足且水箱未装满热水时，系统恒温运行，出水温度保持恒定。当集热器

出水温度 T_2（温度传感器2）达到设定值时，控制系统打开电磁阀 E_1，自来水进入管道，补充冷水进来。当出水温度 T_2 低于设定温度时，控制系统关闭电磁阀 E_1，系统不注入新的冷水，吸收太阳能热量储存在集热器中的储热水箱中，使水温继续升高。

（2）当水箱内水位达到设定的满刻度位置或水箱内的水温低于使用温度 T_3 时，控制系统打开管道泵 P_1，实现储热水箱内水的定温循环（水箱内水先升温）。

（3）在冬季特别寒冷时，为防止管道受损，当循环集热管内水温度 T_2 降低到一定值时，系统打开水泵 P_1 将热水（或打开电磁阀 E_1 将自来水）推进循环管道保证水的流动，防止冻坏集热水循环管路。

（4）在用水过程中，热水通过高度静压力或者管道泵 P_3，把热水通过管网送到用户的各个用水点，采用一些高级的策略，例如 P_3 根据出水压力的大小，采用变频控制可以实现恒压供水，打开电磁阀 E_3，可实现管道的定温循环。

（5）打开阀门 E_2，关闭阀门 E_1，可以实现对保温水箱的快速上水。

（6）当太阳能强度不够或者急需用热水时，通过管道泵 P_2 和燃烧天然气、电加热等辅助热源可以实现对水箱的辅助加热。

4.1.2 太阳能热水系统分类

4.1.2.1 按集热器分类

从集热部分来分：真空玻璃管太阳能热水器和金属平板太阳能热水器。

A 真空玻璃管

类似玻璃热水瓶的原理，区别是热水瓶用反射层防止外界温度影响，真空玻璃管是在内层用黑色涂料吸收外界的辐射热能，同时用玻璃真空保温层防止内部的热量散失到外界。这是目前吸热效率最高的集热结构，优点是结构简单、容易生产、成本低，经过长期工艺改进，目前的真空玻璃管产品在抗高温、抗打击和保温上，性能有大幅度提升，被大部分生产厂家采用。缺点也很明显，一是体积比较庞大，管中容易集结水垢，二是玻璃易碎，经不住外力打击和过大的温度应力。

B 金属平板

在传热性能极佳的金属片上，覆盖上吸热涂层，利用金属的传热性，将吸收的热量传于水箱中。优点是外观美观、安装方便，可以做成平板，而且不容易损坏。缺点是用泡沫、海绵等另外设立保温层，使系统成本较高。

4.1.2.2 按接入方式分类

从接入方式来分：按接入方式可分为闷晒式、平板式、真空管式、热管式、分体壁挂式（按承压能力又可分为承压式和非承压式、嵌入式）。

A 闷晒式

（1）工作原理：水箱通过玻璃直接照射加热，一面受热，其余保温。

（2）优点：阳光利用率高，吸热效果好。

（3）缺点：经空气导热，热损耗高。

B　平板式

（1）原理：金属吸热，水热传递微循环。

（2）优点：集热效率非常高，经久耐用。

（3）缺点：密封性能差，热损失大，易受环境影响，冬天热效率低，不防冻。

C　真空管式

（1）真空管：基本构造是管内抽成真空的双层玻璃管，在内管表面镀吸收膜（利用黑色膜提高太阳光吸收率，减少光反射损失），真空管管内注水，一端封闭，另一端开口接水箱。

（2）原理：真空管吸热，管内水受热通过热传递及冷热微循环至水箱中储存并保温。

（3）优点：阳光利用率高，吸热效果好，热能损耗低。

（4）缺点：如果有一只管出现坏管、爆管情况，则整体漏水，影响整机使用（因为生产工艺水平提高和严格质量认证，在实际使用中较少出现此现象）。

D　热管式

（1）原理：介质沸点低，在吸收太阳热能后，介质汽化上升，冷凝段置于水中。在冷凝段受冷，传出热量，液化后下降至管下部继续受热，如此循环工作。

（2）优点：热能利用高，不用担心爆管（热管为金属管，置于玻璃真空管内，真空管无水）。

（3）缺点：热管介质在使用一段时间后，会在冷凝段吸附，从而影响热传导，出不了热水。

E　分体式

（1）原理：真空管内热管受热后，通过水箱内盘管冷却，循环工作。

（2）优点：水箱位置随意摆放，可有效减少水管内滞留热水，热水利用率高，水管在室内杜绝冻管，不会受大风等灾害天气的影响。

（3）缺点：造价高，售价高，实际太阳能利用率低（普通真空管热效率不小于 45%，壁挂式热效率不大于 28.5%）。

F　嵌入式

（1）原理：热水阀控制进水压力及流量，保证真空管正常工作。进水冷水顶出管内热水，保证用户使用热水。

（2）优点：阳光利用率高，吸热效果好，保温时间长，热水传输无损耗。

4.2　知识点　家用太阳能热水器的构造与控制原理

热水器是家庭必不可少的家电产品之一，为了满足人们在生活中的洗澡、洗菜等热水使用，各种热水器产品应运而生，目前主流的热水器产品有燃气热水器、电热水器、空气能热水器、太阳能热水器等，各有优缺点，其中太阳能热水器优异的节能环保特性深受广大用户欢迎。

家用太阳能热水器能为家庭提供环保的热水解决方案，把太阳光能转化为热能，将水从环境低温加热到合适的高温。主要是基于成本的原因，目前以真空管式太阳能热水器为主。真空管式家用太阳能热水器由集热管、储水箱及相关附件组成，把太阳能转换成热能主要依靠集热管。如图 4-2 所示，在集热管中，水受到太阳光加热而密度变小向上流动，冷水从背光面向下运动进行补充，这样就使水产生了微循环，周而复始，保温水箱内的水温不断升高，甚至接近沸点的 100℃。根据前面所学知识，太阳光的能量密度在 200～1000W/m^2 之间，实际是一个比较强劲的热源，对于用户来说，阳光是免费的，从而节省了开支。

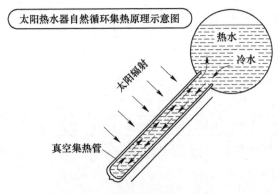

图 4-2 太阳能热水器工作原理

太阳能热水器一般分为承压型和非承压型两种，如图 4-3 所示。承压型热水器一般设计成分体状态，也称为分体承压型热水器。非承压型热水器一般设计成紧凑型，主要由水箱、支架、真空管三大部分组成。

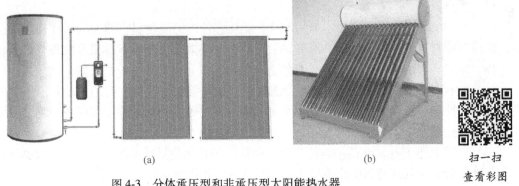

(a)   (b)   扫一扫
查看彩图

图 4-3 分体承压型和非承压型太阳能热水器
（a）分体承压型热水器；（b）非承压型热水器

4.2.1 水箱

水箱部分由外桶、内胆、保温层、硅胶圈等组成。为了防锈，外桶通常采用不锈钢板、彩钢板或镀铝锌板制作而成。内胆除了防锈还要防毒，所以常用 SUS304B 食品级不锈钢制作，用高频焊机滚压缝焊，增加内胆强度，使其不易腐蚀渗漏，且无有害物质析出，保证水质可靠。

4.2.1.1　水箱的制作工序

水箱的制作工序如图 4-4 所示。

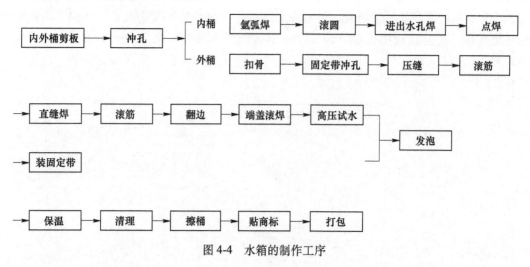

图 4-4　水箱的制作工序

4.2.1.2　保温层

太阳能热水器的保温层要求重量轻、硬度大，而且导热性差，材料学家经过仔细研究，发现聚氨酯泡沫塑料（RPUF）工艺较优，保温层一般厚 55～70mm，这是太阳能热水器关键的一部分，对太阳能热水器的整体性能和可靠性有重要的影响。聚氨酯泡沫塑料是一种新型高分子微孔材料，由聚异氰酸酯和聚合多元醇在多种助剂的作用下反应而成的，具有以下特点：

（1）导热系数低，绝热性能最佳。RPUF 是现有各种绝热材料中的佼佼者，是世界公认的最佳节能材料，其特别优异的绝热保温性能是由其微孔中充满了导热系数极低的发泡剂气体决定的。其闭孔率达到 98%，有效防止热量扩散，提高并保障了长期保温效果。

（2）泡沫的自身黏结性强。RPUF 发泡时的自身黏结性是其他任何绝热材料所不具备的很优异的性能，使其在金属板上直接发泡成型，不用另加黏结剂就可以形成一体，黏结成牢固的绝热层。

（3）物理发泡剂通常是低沸点的惰性化合物，与其相关材料不起化学反应。这类低沸点化合物吸收了异氰酸酯和多元醇反应放出的热量，使之汽化从而达到发泡的目的。

生产太阳能热水器有它的特殊性，由于不用夹具，为了保证产品外观不变形，除了保证发泡料的质量以外还需注意以下几点：

（1）提高发泡料的自由发泡泡沫容量，增加浇注次数，使其放热量相对分散，有利于泡沫容量的均匀分布。

（2）聚氨酯发泡适合在 21～22℃的温度下进行，温度应保持相对稳定，不能忽高忽低，尤其是冬天，否则发泡速度难以掌握。因为发泡速度受温度的直接影响。

（3）保证材料混合均匀。混合越均匀，泡孔越细而密，各种性能也越好。

由于发泡时的温度较高，若发泡完毕后马上将其放置在温度较低的环境中会引起内胆或外桶吸桶、变形等状况。因此发泡结束后应在 20~60℃ 的保温房内保温 24h，使整个发泡过程达到最佳。

4.2.1.3　硅胶圈

硅胶圈无毒无味，主要起到防尘、防漏的作用，保持水质清洁。且密封性好、寿命长、耐高温。

硅胶圈具有优异的耐热性、低温弹性和特别优异的耐氧化和臭氧的性能，耐酸碱性佳，使用温度范围广，为 -60~225℃，耐水性能好，因而能保持较长的使用寿命。

大家比较熟悉的高压锅胶圈就是硅胶圈。

4.2.2　支架

支架的原材料一般采用热轧板、冷轧板或镀锌板，由于太阳能安装在室外，长期的风吹雨淋会引起生锈、腐蚀，因此要经过一系列的防腐、防锈处理。各连接部位均采用高强度连接件不锈钢螺钉连接，牢固可靠。

制造工序：剪板、折弯、冲孔、防腐处理、镀锌、喷塑。

注意：支架的上托、下管托、下角结等几个部位的制造工序是先冲孔后折弯。

4.2.3　真空管

4.2.3.1　真空管集热的原理

真空管是通过采用高真空技术和磁控溅射多层（渐变）铝-氮/铝选择性吸收涂层，吸收太阳光能转化为热能加热管中水利用冷水比热重的特点，冷水密度大向下流，热水密度小向上升的自然循环原理，使热水贮于保温箱中。

4.2.3.2　真空管结构

玻璃真空太阳集热管是真空管太阳集热器的核心元件，采用真空夹层，消除了气体的对流与传导热损，并应用选择性吸收涂层，使真空集热管的辐射热损降到最低。由两根同轴圆玻璃管组成，内、罩玻璃管间抽成高真空，太阳选择性吸收涂层（表面、膜系）沉积在内管的外表面构成吸热体，将太阳光能转换为热能，加热内玻璃管内的传热流体。全玻璃真空集热管采用单端开口的设计，通过一端内、罩管环形熔封起来，其内管另一端是密闭半球形圆头，带有吸气剂的弹簧卡子，将吸热体玻璃管回头支承在罩玻璃管的排气内端部。当吸热体吸收太阳辐射而温度升高时，吸热体玻璃管圆头形成热膨胀的自由端，缓冲了工作时引起真空集热管开口端部的热应力。吸气剂蒸散后吸收真空集热管在存放及工作过程中所释放的微量气体。保持内、罩玻璃管间真空度。

全玻璃真空太阳集热管的产品质量与选用的玻璃材料、真空性能和选择性吸收膜有重要关系。

A　玻璃

硼硅玻璃 3.3 是生产制造全玻璃真空集热管的首选材料。它具有很好的透光性能，玻璃中的氧化铁含量在 0.5% 以下；热稳定性好、热膨胀系数低，为 3.3×10^{-6}℃；耐热冲击性好、耐热温差大于 200℃；有较高的机械强度、符合国家标准 "全玻璃真空太阳集热管" GB/T 17049—1997 的要求；有较好的抗化学侵蚀性并适合加工。

  B 真空度

确保真空集热管的真空度是提高产品质量，保证产品使用年限的重要指标。根据国家标准规定，集热管的真空度应小于或等于 $5×10^{-2}Pa$。要使集热管内长期保持较高的真空度，还必须在排气时，对玻璃真空集热管进行较高温度与较长时间的保温烘烤，以消除管内水汽及其他气体。此外，在真空集热管内还放置了钡-钛吸气剂，它蒸散在抽真空封口一端的管壳内表面上，像镜面一样，能在运行时吸收集热管内释放出的微量气体，以确保管内真空度的保持。一旦银白色的镜面消失，就说明该真空集热管的真空度受到破坏，管子也就报废了。

  C 选择性吸收涂层

采用光谱选择性吸收膜作为光热转换材料是真空集热管的又一重要特点。对于真空集热管的选择性吸收膜需要考虑两个特殊要求：一是真空性能；二是耐温性能。工作时要求不影响管内真空度，其他性能指标也不能下降。

真空集热管选择性吸收膜需使用专门设备进行制备，真空集热管选择性吸收膜绝大多数采用磁控溅射工艺，铝-氮/铝选择性吸收膜，它的太阳辐射吸收率 $α$ 大于 0.93，红外发射率 $ε$ 约为 0.06。而国家标准要求吸收率 $α≥0.90$，红外发射率 $ε≤0.10$。

真空集热管构造如图 4-5 所示。

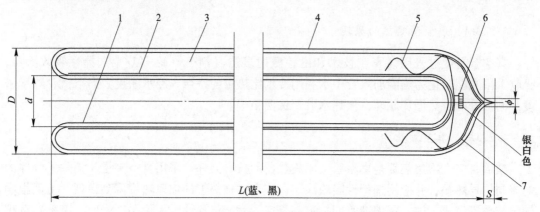

图 4-5 真空集热管构造
1—内玻璃管；2—太阳选择性吸收涂层；3—真空夹层；
4—罩玻璃管；5—支承件；6—吸气剂；7—吸气镜面

4.2.3.3 真空管质量直观判断

（1）看膜层：全玻璃真空太阳集热管膜层颜色是否均匀、同色，以纯黑或蓝黑为最佳，有色差为次。

（2）看吸气镜面：真空管内吸气镜面为光亮银色，边缘以渐变不齐边为佳，齐边次之；镜面变色或消失表明漏气不可用。

（3）整体判断：内外层玻璃管间隙是否均匀；开口端圆滑、无胀口；尾端不过长；整体无明显划痕等为佳品。

真空管实物如图 4-6 所示。

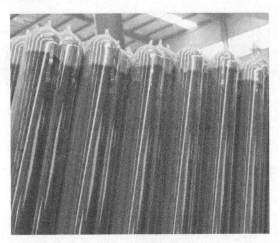

图 4-6 真空管实物

扫一扫
查看彩图

4.2.3.4 普通管和三高管

普通管采用单靶镀膜渐变铝—氮/铝太阳选择性吸收涂层真空管，三高管的三靶镀膜管主要是利用多靶镀膜技术（如三靶、双靶）改变了真空集热管吸收层、反射层、减反层的成分。而其主要目的是提高真空管的太阳吸收比，提高热水器的热性能。真空管的结构尺寸见表 4-1。

表 4-1 真空管结构尺寸

罩玻璃外径 d/mm	内玻璃管外径 d/mm	长度 L/mm	封离部分长度 S/mm
47	37	1200、1500、1600	≤15
58	47	1600、1800、2000	≤15
70	58	2000	≤15

4.2.4 基本控制原理

图 4-7 所示为被控对象结构示意图，从构造上看，其中 5 是进水阀门，1 是进水电磁阀，用来给保温水箱补充冷水。7 是电加热器，用于在太阳光照不足时辅助加热。6 是排气口，防止水沸腾时水箱内气压过大引发事故。水箱内置水位传感器和温度传感器 9，用于探测水位的高低和温度值。2 是排水口，热水由此输出，在出水口设置了一个单向阀门，防止水和空气倒流进水箱。

太阳能热水系统的运行由专门设计的控制仪 8 控制，控制器的系统框图如图 4-8 所示，它由单片计算机系统为控制核心，配合输入（加热按钮、上水按钮、设置按钮）、输出（液晶显示）、传感器（温度、压力、水位）、控制（电磁阀控制水路开闭、接触器控制电加热器）子系统，可以根据不同的工况自动控制各阀门的开闭和水泵的运转。当储热保温水箱中的水位低于最低水位时，由控制器打开电磁阀 1，使得自来水管道中的水注入水箱，直到当水位升到用户设定的最高水位时，关闭电磁阀 1，进水停止。用户可以自行

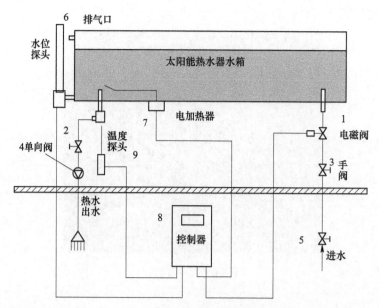

图 4-7　太阳能热水器被控对象结构示意图

设定上水时间，例如在每天清晨，太阳照射到集热器之前把水箱注满，也可以在控制器上手动进水：当手工按下手动进水键时，控制器打开电磁阀进水，直到用户按停止键或者水位达到最高水位为止。

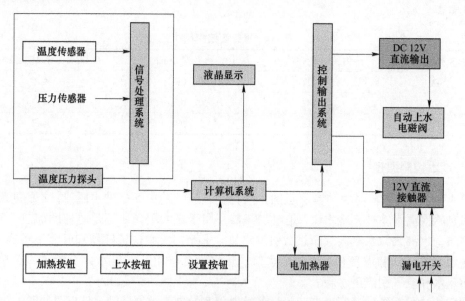

图 4-8　控制系统结构原理

控制器还可以控制辅助电加热，当按下电加热键时，控制器导通电加热器 7 的电源，电加热器工作，直到用户指定的温度为止。当温度下降到低于设定温度 3~5℃时，控制器重新启动电加热，将水加热至指定温度。用户还可以指定加热时间，在某一时间，太阳能水箱的温度达不到设定的温度，控制器就会自动接通电加热器，将水箱的水加热至设定的温度为止。控制仪还有保护作用，当水位下降到某一点时，电加热停止，直到水位回升到该点以上。漏电开关是重要的安全防护装置，在 5MA 以上的泄漏电流时会自动切断电路，防止由于漏电引发的触电事故，漏电开关一定要注意定期测试，防止失效。[2,3]

4.3 知识点 太阳能热水器使用维护知识

警告：若使用辅助电加热装置的，在使用热水时，必须关闭辅助电加热或拔掉电源插头，以防触电！

警告：遇雷雨天时，请勿使用，以防雷击。

（1）上水，第一次上水时必须是早晚或真空集热器无强阳光直射的条件下才能进行加水，以防真空管因冷热悬殊而爆裂；平时应注意上水时间；热水器水箱内有水，但又未装满可随时补水，热水刚用完，应及时补水。若出现无水空晒超过 15min，切勿补水，应安排在夜间或次日早晨上水，以免温差过大损坏真空管。可根据天气情况，决定上水量，保证洗浴时适当的水温。

（2）使用热水或洗浴时应防止水温过高造成烫伤，热水器的水温调节步骤：先开冷水阀后再开热水阀，再根据所需水量的大小和水温微调冷水阀和热水阀。

（3）在使用电辅助加热器前，应补足水箱水量，严禁无水干烧；为了安全，切记在切断电加热器电源后，方可用水。平常应保持电辅助加热器电源断开状态。

（4）自来水压力较大地区的用户，在上水时应调小上水阀门，让水缓慢地注入水箱，避免过高的水压，可能造成真空管下移而顶弯底托或水箱上备用盲孔塞被顶出造成水箱漏水等事故。

（5）玻璃真空管尾端吸气剂应呈镜面状，若出现白雾现象，则表明真空集热管真空层已进气，应及时报修。

（6）热水器水箱上的排气管严禁堵塞，如排气孔堵塞，当水进入或排出时，内部空气不能及时排出或得到补充，形成内外压力差，从而造成涨破或抽瘪水箱。

（7）有大风时要保持水箱满水，雷雨时应暂停使用。有电加热组件的用户必须拔下电源插头。

（8）冬季使用应注意以下事项。

1）严冬季节，要做好保温工作，管路有排空装置的，用水后要及时排空管路中的余水，防止冻结；在寒冷地区，须十分注意太阳能热水器排气及溢流系统的防冻、防堵，如果排气口或溢流口堵塞（如冰、雪或异物堵住），水箱极易由于内外压差造成胀裂或吸瘪；在冬季常有暴风雪的高寒地区，应及时清除积雪，以防积雪长时间盖住真空管，冻坏热水器。

2）早上使用热水时应提前 20min 接通加热带电源给冷热水管及排气、溢流管解冻，否则会造成水箱因不吸气而吸瘪内胆。没有安装加热带时，在有结冰的晚上和早晨不能使用太阳能热水器，因为热水器上排气管可能因结冰堵塞，此时使用很可能吸瘪水箱，造成不必要的经济损失。

3）冬季水温较低，太阳光辐射量少，为了能正常使用太阳能热水器的热水，保证其热水温度，使用热水前应关进水阀。

（9）灰尘影响阳光的透射率，在干燥灰尘大的北方地区，灰尘会附着在真空管上，日久会影响光的透射率，所以可根据灰尘附着多少，适时擦洗真空管。擦洗时先用肥皂水或洗衣粉擦拭真空管，然后用清水冲刷真空管即可。

（10）热水器安装固定好了以后，非专业人员不要轻易挪动、卸装，以免损坏关键元件。

（11）热水器周围不应放杂物，以消除撞击真空管的隐患。

（12）因水箱内特别是管内水温高，有些地区水硬易结水垢，或直接用地下水，水中杂质多，水垢尤其严重。长时间使用影响水质及热效率。可根据情况，1~3 年清理 1 次。清理时请专业人员操作。

（13）应尽量避免热水器长期空晒，以免影响其密封圈及真空管的性能、寿命。

（14）在平常使用时，一侧或两侧排气管会有热气冒出，属于正常现象，此时不要用任何物体遮盖或堵塞，以免烫伤人和抽瘪、胀坏水箱。

（15）太阳能热水器一般应配置多功能智能控制器，使用前请仔细阅读多功能智能控制器使用说明书，操作时须按使用说明书进行。

（16）若长时间不用水，如出差、旅游时，使水箱内长时间处于高温、高压的状态下，会促进密封圈的老化，加速聚氨酯的老化、萎缩，有时排气不畅通，压力太大还会使水箱胀坏，还会结水垢，缩短水箱的寿命。因此，若用户长期不在家，应安排其他人经常放热水、上冷水，或者在真空管集热器上放置遮盖物挡住阳光，待回家后，再除去。

（17）太阳能热水器好几天未用的水一般都是较热的水了，达到 70℃ 以上，到夜间会适当降温，使水温保持在 60~70℃ 区域时间很长，而这个温度区域是水中细菌繁殖的极佳温度，因此，如好几天或长期不用的热水，水质较差，细菌多，要排放掉，不要洗澡或用来烧开水饮用等。

4.4　知识点　分体承压式太阳能热水器简介

分体承压式太阳能热水器可以安装在住宅的朝南屋面上，也可以安装在阳台或直立墙面上，还可以安装在别墅的庭院草坪及各种建筑物朝南的坡面上，热水可以不受限制的发送到任何一个楼层使用，适用范围广。分体承压式太阳能热水器采用强制循环（自动控制）工作方式，并且自动控温、承压出水，使用更加方便。

4.4.1　平板集热器

平板集热器如图 4-9 所示。

4.4.2　真空热管集热器

真空热管集热器由真空集热管、热管、传热翅片、集联箱、支架等组成，采用先进的热管技术，真空管内不走水，解决了真空管一旦爆裂就无法使用热水器的难题；靠自来水的压力提供生活用热水。真空热管集热器及其配件如图 4-10 所示。

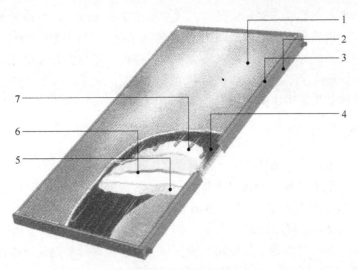

图 4-9 平板集热器

1—透明面板，透光率高达 90% 的太阳能专用强化玻璃；2—边框，多色平光电泳铝材，流线型设计，与建筑物完美结合；3—密封条，采用强密封、耐高温、抗老化型硅胶条；4—吸热板芯，铜铝复合板，选择性吸收膜，吸收率大于 94%；5—背板，优质镀铝板，外形美观，耐腐蚀能力强；6—保温层，特有超细玻璃棉复合保温材料，比普通单层式保温效果更胜一筹；7—隔热层，反射铝箔纸，将阳光有效进行二次反射，提高热效率

扫一扫
查看彩图

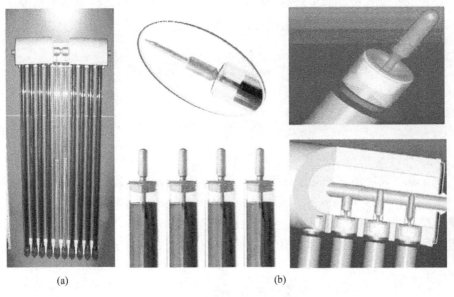

(a)　　　　　　　　　　　　　(b)

图 4-10 真空热管集热器及其配件

（a）太阳能热管集热器；（b）配件

扫一扫
查看彩图

4.4.3 分体式承压热水器的特点

集热器与水箱热交换为强制循环，自动上水，温度任意设定，不属人为控制。集成化、智能化的控制系统，方便快捷；并设有水温显示，一目了然。操作极其方便，打开自

来水便能快速出水。集热器与储水箱分离，且水箱位置不受限制，可放置低处；标准模块化，可以快速进行拼装式安装，简单便捷。集热器适合于多种建筑风格，安装位置多样化，或屋顶或阳台，成为建筑美学的点缀。防冻、省钱：真空管的优良保温性能加上温差自动补偿循环设计解决了平板式等热水器不耐冻的难题；同时，只要电热水器约 10% 的用电量，节能省钱的效果是明显的。

4.4.4　系统配置

由集热器、承压水箱、循环管路、控制系统、循环泵等组成。

（1）集热器：热管式集热器或平板集热器。

（2）承压水箱：内胆为 SUS304 不锈钢承压水箱，可加装辅助电加热，设计带有热交换器、T/P 温度压力安全阀内置阳极镁棒、定时加热、各种安全保护等功能。

（3）工作站：由循环水泵、膨胀罐、温度压力表、流量计等组成；德国威乐热水循环泵，意大利进口 AQUASYSTEM 膨胀罐，吸收系统内过多的压力。

（4）控制系统：根据本系统要求自制自动控制系统，实现自动化智能操作，它采用硬件控制和专用微电脑芯片技术相结合的控制方式；实现温差自动循环。

真空热管式分体太阳能热水器还可分为直接式和间接式，直接式水箱中不带换热盘管，适用于南方冬天不结冰地区使用，间接式水箱中带有换热盘管，加入防冻液后，工作温度可以达 -25℃，特别适合北方冬天使用。

平板集热器玻璃与集热板间为非真空，易形成冷凝水，遇冰冻时可能损坏集热器，另外冷凝水会加速保温层的老化甚至使保温层失去作用，适合南方冬天不结冰地区使用。

4.5　知识点　太阳热水系统设计

4.5.1　用水量和热量的计算

4.5.1.1　热量计算

只有计算出了热水需求量，才能进行其他计算，这是所有设计计算工作的基础。一般在设计时按照普通单位人均 50kg 热水，星级宾馆人均 80~100kg 的原则执行。如果用户有特殊要求，再单独考虑。根据单位用水量和单元数，求出总用水量。计算出热水量后再根据自来水的初始温度和需要的热水温度计算出需要的热量，加热热水需要热量的计算公式为[4]

$$Q = C \times M \times \Delta t$$

式中　Q——需要的热量，kJ 或 kCal；

　　　C——水的定压比热容，数值为 4.18kJ/（kg · ℃）或 1kCal/（kg · ℃）；

　　　M——水的质量，kg；

　　　Δt——水的温升，℃。

例如，10t 水温升 30℃ 需要的热量为

$$Q = 10 \times 1000 \times 30 = 300000 \text{kCal}$$

或 $$Q = 4.18 \times 10 \times 1000 \times 30 = 1254000 \text{kJ}$$

4.5.1.2 集热器集热面积的计算（GB 50364—2018）

$$A_c = \frac{Q_w C_w (t_{end} - t_i) f}{J_T \eta_{cd} (1 - \eta_L)}$$

式中 A_c——直接系统集热器总面积，m^2；

     Q_w——日均用水量，kg；

     C_w——水的定压比热容，$\text{kJ}/(\text{kg} \cdot \text{℃})$；

     t_{end}——贮水箱内水的设计温度，℃；

     t_i——水的初始温度，℃；

     J_T——当地集热器采光面上的年平均日太阳辐照量，kJ/m^2；

     f——太阳能保证率，%；根据系统使用期内的太阳辐照、系统经济性及用户要求等因素综合考虑后确定，宜为 30%～80%；

     η_{cd}——集热器的年平均集热效率；根据经验取值宜为 0.25～0.50，具体取值应根据集热器的实际测试结果而定；

     η_L——贮水箱和管路的热损失率；根据经验取值宜为 0.20～0.30。

实际上这个公式存在很大误差，很多参数都在很大的选择范围内，几个不确定的参数乘起来后造成的误差很大。如太阳能保障率选择多少合适，是年保障率，还是日保障率？当地集热器采光面上年平均太阳辐照量也有很多问题，年平均值会和实际值相差很大。为了计算准确，应按不同的季节分别计算，因为不同季节太阳的辐照量不同，自来水的初温不同，环境温度不同，风速不同，热量损失也不同。根据不同季节计算出集热面积后，再根据情况选择。设计的原则是：春秋季节应基本满足 100%保障率，冬季低于 100%，夏季略有富余。

因为环境温度不同，不同季节产生 10t 50℃热水所需要提供的能量不同，分不同季节计算太阳能集热器的面积时，统一把太阳能保障率定义为 100%，系统的效率按照集热器轮廓面积的效率进行计算，太阳辐照量按照晴好天气的辐照量取值。以珠三角地区为例，见表4-2。

表4-2　不同季节产生 10t 热水所需要的能量和集热面积

季节	水初温 /℃	终温 /℃	温升 /℃	需要能量 /MJ	辐照量 /MJ·m⁻²	集热面积 /m²
春季	10～15	50	40	1674.72	20	167.5
夏季	20	50	30	1256.04	23	109.2
秋季	10～15	50	40	1674.72	20	167.5
冬季	5	50	45	1884.06	17	221.7

4.5.2 辅助能源的计算

以最恶劣的情况下 4h 内把用户所需热水加热到满足使用条件的原则来选择各种辅助能源。以电加热为例，其计算公式为

$$P = 0.00116 \times M \times \Delta t/T$$

式中　　P——电功率，kW；

　　　　M——水的质量，kg；

　　　　Δt——水的温升，℃；

　　　　T——加热时间，s。

电能转换成热能的计算方法，电功率单位为 kW，电能单位为 kW·h。

$$1kW \cdot h = 3.6MJ$$

按 4h 电加热时间计算的电功率见表 4-3。

表 4-3　按 4h 电加热时间计算的电功率

水量/kg	温升/℃	热能/MJ	电能/kW·h	加热时间/h	电功率/kW
500	30	62.7	17.4	4	4.4
1000	30	125.4	34.8	4	8.7
1500	30	188.1	52.3	4	13.1
2000	30	250.8	69.7	4	17.4
3000	30	376.2	104.5	4	26.1
4000	30	501.6	139.3	4	34.8
5000	30	627	174.2	4	43.5
10000	30	1254	348	4	87

4.6　知识点　防雷接地装置的安装方法

（1）建筑物基础主筋及所有进出建筑物金属管道和电源进线穿线钢管均须与接地端子箱作连接，接地线均采用 40mm×4mm 镀锌扁钢暗敷。

（2）明敷接地线的安装要求。

1）明敷位置不应妨碍设备的拆卸与抢修，且便于检查。

2）接地线应牢固地固定在支持件上，支持件间的距离在水平直线部分一般为 0.5~1.5m，垂直部分为 1.5~3m，转弯部分为 0.3~0.5m。

3）在接地线与建筑物伸缩缝交叉时，应加装补偿器，补偿器可用接地线本身弯成弧状代替，也可用多股软铜线（截面应与主接地网匹配）。

4）接地线应按水平或垂直敷设，也可与建筑物倾斜结构平行敷设。

5）接地线沿建筑物墙壁水平敷设时，离地面距离宜为 250~300mm。

6）接地线与建筑物墙壁间的间隙宜为 10~15mm。

（3）明敷的接地线及其固定零件一般均应涂以用 15~100mm 宽度相等的黄绿相间的条纹。每个导体的全部长度上或每个区间或每个可接触到的部位上宜做出标志。当使用胶带时，应使用双色胶带。中性线宜涂蓝色标志。埋设于地中的接地体不应涂漆。在接地线引向建筑物的入口处和在检修用临时接地点处，均应刷白色底漆并标以黑色记号。

（4）接地线与接地体的连接均应采用搭接焊，其搭接长度应必须符合下列规定：

1）扁钢为其宽度的 2 倍（且至少 3 个棱边焊接）。

2）圆钢为其直径的 6 倍。

3）圆钢与扁钢连接时，其长度应为圆钢直径的 6 倍。

4）扁钢与钢管、扁钢与角钢焊接时，为了连接可靠，除应在其接触部位两侧进行焊接外，并应焊以由钢带弯成的弧形（或直角形）卡子或直接由钢带本身弯成弧形（或直角形）与钢管（或角钢）焊接。

5）接地线与接地极或接地极与接地极之间的焊接点，应涂防腐材料。

（5）交流电气设备的接地可以利用自然接地体，如与大地有可靠连接的建筑物的金属结构、金属管井等，交流电气设备的接地线可利用配电装置的外壳电梯竖井，起重机升降机的轨道和构件、运输皮带的钢梁，电除尘器构架和配线钢管等接地体接地。

（6）接地线接于电机、电气外壳以及可移动的金属构架等上面时，应以螺栓可靠连接。在有震动的地方采用螺栓连接时，应加设弹簧垫圈等防震措施。

（7）接地网的接地电阻要求小于等于 1Ω。

（8）所有引上屋顶的接地扁钢均应与屋顶钢筋结构焊成一体，构成电气通路。

4.7 实验任务 太阳能热水器安装

4.7.1 任务描述

按步骤要求安装太阳能热水器。

（1）知道太阳能热水器由哪些部件组成。

（2）了解每个部件的作用。

（3）学会安装太阳能热水器。

（4）知道太阳能热水器有哪些常见故障。

（5）懂得如何检修排除常见故障。

4.7.2 所需工具仪器及设备

（1）太阳能热水器。

（2）扳手、钳子、万用表等常用工具。

（3）水管、电线、胶布等。

4.7.3 知识要求

（1）了解太阳能热水器的工作原理。

（2）了解太阳能热水器的构造。

（3）在给控制电路接线时，必须具备基础的电工知识，没有电工作业证不可以通电测试。

4.7.4 技能要求

（1）水电安装能力。

（2）电路接线，电工操作。

（3）通电必须有中级以上电工作业上岗证书。

4.7.5　安全及环保规范

（1）进入现场必须遵守安全生产六大纪律。

（2）在拉设临时电源时，电线均应架空，过道须用钢管保护，不得乱拖乱拉，以免电线被车辗物压。

（3）电箱内电气设备应完整无缺，设有专用漏电保护开关，必须按"一机一闸一漏一箱"要求设置。

（4）所有移动电具都应具有二级漏电保护，电线无破损，插头插座应完整，严禁不用插头而用电线直接插入插座内。

（5）各类电机应勤加保养，及时清洗、注油，在使用时如遇中途停电或暂时离开，必须关闭电门或拔出插头。

（6）使用切割机时，首先检查防护罩是否完整，后部严禁有易燃、易爆物品，切割机不得代替砂轮磨物，严禁用切割机切割麻丝和木块。

（7）煨弯管时，首先要检查管道内有无爆炸物，以防爆炸。需浇筑水泥墩时，灌砂台搭设牢固，以防倒塌伤人。

（8）在高梯、脚手架上装接管道时，必须注意立足点的牢固性。用管子钳装接管时，要一手按住钳头，另一手按住钳柄，缓缓板揿，不可用双手拿住钳柄，大力板揿，防止齿口打滑失控坠落。

（9）现场挖掘管沟或深坑时，应根据土质情况加设挡土板，防止倒塌。如土质不良，管坑深满 1m 时，均应采用支撑或斜坡。地沟或坑须设置明显标志。在电缆附近挖土时，事先须与有关部门联系，采取安全措施后才能施工。

（10）材料间、更衣室不得使用超过 60W 以上的灯泡，严禁使用碘钨灯和家用电加热器（包括电炉、电热杯、热得快、电饭煲）取暖、烧水、烹饪。[5,6]

4.7.6　注意事项

（1）集热器应当向着赤道与正南方偏离不超过 10° 为宜，其倾斜角设计参考当地气候与用户需求。当地纬度。如主要收集夏季太阳热，其倾斜角等于当地纬度减 10°；如主要收集冬季的太阳热，则倾斜角等于当地纬度加 10°。

（2）热水器应装在无遮阳地方，主体朝阳。

（3）在北方寒冷的地方使用时，应注意防冻，上下水道应采用保温措施，以防管道冻裂影响使用。

（4）水箱端盖有两孔以上的，上为排气孔兼溢流，下为进水孔，或出水孔，使用中排气孔切勿堵死，以免排气不畅而胀坏或抽瘪水箱。若接溢流水管回室内时，必须在排气孔外装接上三通。上排气、下溢流。

（5）装接水箱处的进出水接头时不要用力过大，先用手旋紧，不漏水即可；如漏水用扳手拧 1~2 圈左右即可，不漏水为原则，不可用力过猛以免造成水箱和接头处损坏漏水。

（6）主体安装后一定要与屋顶或平台连接牢固。

（7）安装真空管时一定要用力均匀，以免破坏密封硅胶圈；注意不能磕碎真空管尾部尖端，以免破坏真空管保温性能。

（8）在设计管路时，应越短越好，要尽力减小水阻，不能有死弯、反坡现象。

（9）接进冷水管口处必须安装止回阀，以免热水箱的水回流。

（10）安装完毕认真检查主机，有无漏水现象，是否做好防风措施。冷热水管都需做保温措施，以免水不热，之后管道需固定牢固。仔细认真对用户讲解怎样正确使用所安装的热水性能和配器件的使用性能，即使用方法等。[7,8]

4.7.7 任务实施

4.7.7.1 安装太阳能热水器支架

取出支架全部材料，按图 4-11 所示将各连接部分用螺钉连接坚固。

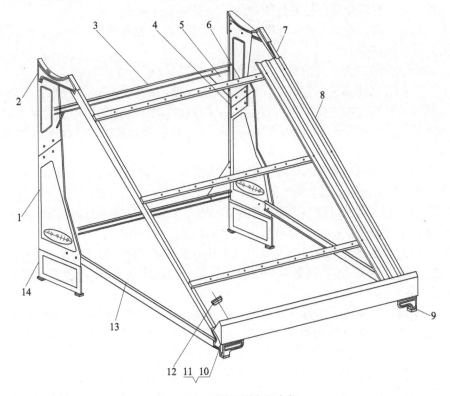

图 4-11 太阳能热水器支架
1—主板（2 个）；2—上托（2 个）；3—后横档（3 个）；4—主板连接件（2 个）；5—三角板（4 个）；
6—反光板横档（3 个）；7—侧斜（2 个）；8—反光板（1 个）；9—前下结（2 个）；10—下管托（1 个）；
11—托盖（2 个）；12—管托（n 个）；13—侧底横（2 个）；14—主板垫高板（2 个）

4.7.7.2 安装水箱

将水箱固定带螺母拧开，将水箱固定带螺栓装入支架上托孔中，旋上螺母，不要拧紧。

4.7.7.3　安装真空集热管

安装真空管时应先将真空管装满水，在管上顶端以下 200mm 处涂上肥皂水等润滑剂便于安装。然后把真空顶端插入保温桶左、右各 1 孔内约 150mm 后，再用力慢慢地旋着拉回到尾座上，检查两端孔心，要平等同心即可，这时固定桶托底部螺母上紧以后，依次装入对应的孔中。

电加热器的安全性能符合 GB 4706.12 的规定。室外线路必须采用辐照防老化电线。热水器安装位置不得高于本建筑物避雷设施的保护半径。

4.7.7.4　安装管道及辅助配件

辅助配件一般有铜或铁弯头，三通，内、外丝等管件，单向阀，球阀，自动上水阀及水温水位控制仪，辅助电加热和镁棒等，所有辅助配件均要根据用户和安装需要而安装，选用品除外。此外只简介部分辅助件的功能，供安装人员参考使用。

弯头，三通，内、外丝直接，球阀是连接到水箱处的管件之用，一般是进水、出水、排气、溢流处不可缺少的配件。

（1）球阀：安装在进水管前端，热水箱出水口处。（便于维修用）

（2）单向阀：安装在进水管道上。（阻止保温水箱内的热水回流到冷水管道内）

（3）镁棒：镁合金的主要工作机理是利用镁释放镁离子，亲和水中的氢和氧离子，阻止水中的钙离子形成碳酸钙（水垢的主要成分），起到软化水质，防止水垢及铁锈形成之用。（选用产品）

（4）全自动微电脑控制上水系统，当水箱内的水位下降到设定水位时自动补水，达到设定上限自动关闭进水阀。（选用产品）

（5）全自动上水阀：可控制保温水箱里的水位，水满自动关闭。（选用产品）

（6）水位水温控制仪：自动显示水位及水温数据。（选用产品）

（7）电补充加热器：主要用于太阳能热水器由于长期受阴天或严冬季节影响，其水温不能满足生活需要时而用电热器来补充热量的。一般均有防干烧功能，65℃ 自动断电。（选用产品）

（8）排空阀：北方地区适宜单管道进出水使用。（装在保温水箱出水处使用）

（9）注意需要安装排空阀时必须要求：在安装热水管道的过程中不能有 U 形回路，如果有 U 形回路管内的余水会排不干净，造成气堵，热水不能再流出来。

（10）铝塑管：属于环保型管道材料，现在大多数用于清洁水管道安装用，如饮用水，太阳能热水器进出水管道之用。热水管可耐 110℃ 左右的温度不会软化。使用年限 20 年以上。

注意：室外塑管必须加套保护套管，如保温管等材料。室内、室外管道必须固定牢固，以免造成接头处漏水。

4.7.7.5　安装示意图

图 4-12 所示安装示意图作为安装参考，安装人员可根据现场实际情况进行修改。

4.7.8　安装检验

（1）热水供应系统安装完毕，管道保温之前应进行水压试验。试验压力应符合设计要

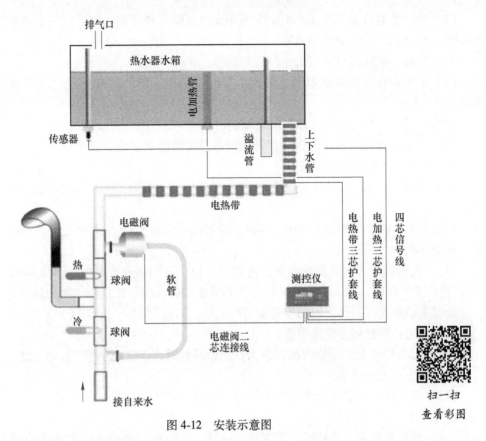

图 4-12 安装示意图

求。当设计未注明时，热水供应系统水压试验压力应为系统顶点的工作压力加 0.1MPa，同时在系统顶点的试验压力不小于 0.3MPa。

检验方法：钢管或复合管道系统试验压力下 10min 内压力降不大于 0.02MPa，然后降至工作压力检查，压力应不降，且不渗不漏；塑料管道系统在试验压力下稳压 1h，压力降不得超过 0.05MPa，然后在工作压力 1.15 倍状态下稳压 2h，压力降不得超过 0.03MPa，连接处不得渗漏。

（2）热水供应管道应尽量利用自然弯补偿热伸缩，直线段过长则应设置补偿器。补偿器型式、规格、位置应符合设计要求，并按有关规定进行预拉伸。

检验方法：对照设计图纸检查。

（3）热水供应系统竣工后必须进行冲洗。

检验方法：现场观察检查。

（4）管道安装坡度应符合设计规定。

检验方法：水平尺、拉线尺量检查。

（5）温度控制器及阀门应安装在便于观察和维护的位置。

检验方法：观察检查。

（6）在安装太阳能集热器玻璃前，应对集热排管和上、下集管作水压试验，试验压力为工作压力的 1.5 倍。

检验方法：试验压力下 10min 内压力不降，不渗不漏。

（7）热交换器应以工作压力的 1.5 倍作水压试验。蒸汽部分应不低于蒸汽供汽压力加 0.3MPa；热水部分应不低于 0.4MPa。

检验方法：试验压力下 10min 内压力不降，不渗不漏。

（8）水泵就位前的基础混凝土强度、坐标、标高、尺寸和螺栓孔位置必须符合设计要求。

检验方法：对照图纸用仪器和尺量检查。

（9）水泵试运转的轴承温升必须符合设备说明书的规定。

检验方法：温度计实测检查。

（10）敞口水箱的满水试验和密闭水箱（罐）的水压试验必须符合设计与本规范的规定。

检验方法：满水试验静置 24h，观察不渗不漏；水压试验在试验压力下 10min 压力不降，不渗不漏。

（11）安装固定式太阳能热水器，朝向应正南。如受条件限制时，其偏移角不得大于 15°。集热器的倾角，对于春、夏、秋三个季节使用的，应采用当地纬度为倾角。

若以夏季为主，可比当地纬度减少 10°。

检验方法：观察和分度仪检查。

（12）由集热器上、下集管接往热水箱的循环管道，应有不小于 5‰的坡度。

检验方法：尺量检查。

（13）自然循环的热水箱底部与集热器上集管之间的距离为 0.3~1.0m。

检验方法：尺量检查。

（14）制作吸热钢板凹槽时，其圆度应准确，间距应一致。安装集热排管时，应用卡箍和钢丝紧固在钢板凹槽内。

检验方法：手扳和尺量检查。

（15）太阳能热水器的最低处应安装泄水装置。

检验方法：观察检查。

（16）热水箱及上、下集管等循环管道均应保温。

检验方法：观察检查。

（17）凡以水作介质的太阳能热水器，在 0℃以下地区使用，应采取防冻措施。

检验方法：观察检查。

（18）太阳能热水器安装的允许偏差应符合表 4-4 规定。

表 4-4　太阳能热水器安装的允许偏差和检验方法

项目	允许偏差	检验方法
板式直管太阳能热水器标高	中心线距地±20（mm）	尺量
固定安装朝向	最大偏移角不大于 15°	分度仪检查

4.8　任务汇报及考核

（1）太阳能热水器非常晴朗的天气为什么水的温度却不高?[9]

太阳能热水器故障分析表见表4-5。

表4-5 太阳能热水器故障分析表

故障原因	解决方法
（1）热水器的上方有树木、高楼等遮挡物	（1）去掉遮挡物或重新选择安装位置
（2）上水阀关不严，自来水（冷水）将水箱中热水顶出来	（2）更换上水阀
（3）水里泥沙过多（如井水）沉积在真空管内影响集热和循环	（3）拆开热水器，用清洁剂、净水冲洗，这种情况属于个例
（4）当地空气污染严重，真空管表面有灰尘	（4）擦洗真空管

考核：［   ］

（2）早上用了近1h热水。可是晚上用的时候，水量不大，发现水箱好像上不满水？

故障原因：自来水压力、水管是否漏水、水箱本身漏水

解决方法：

1）_____

2）_____

3）_____

考核：［   ］

（3）为什么太阳能热水器漏水？

故障原因：一是密封圈损坏或安装时水箱不正。二是水箱内胆开焊。三是室内或室外某管件损坏。

解决方法：_____

_____

考核：［   ］

（4）有时在淋浴时水温忽冷忽热，洗起来不舒服？

故障原因：水箱压力大且不稳定。

解决方法：_____

_____

考核：［   ］

（5）冬天热水下不来，冷水倒是很多？

故障原因：

1）上下水管路在严冬冻结；2）天气过冷；3）没有保温。

解决方法：

1）_____

2）_____

_____

_____

_____

考核：［   ］

（6）太阳能热水器出水不热。

故障原因：

1）真空集热管和反光板表面沉积较多灰尘或有遮挡物；2）真空集热管漏气失掉真空度，热管失效；3）天气不好，日光辐射能量不足，气温偏低；4）水阀件关闭不严，处于缓慢上水或泄水状态。

问题故障解决方法：_____

_____

考核：[   ]

（7）太阳能热水器不出水。

故障原因：水箱内水已放空；管路接口松脱或堵塞；冬季上下水管冻结；真空集热管破损或硅胶圈脱落。

解决方法：_____

_____

考核：[   ]

（8）太阳能热水器加水时自来水管内出热水。

故障原因：自来水水压低。

解决方法：_____

考核：[   ]

（9）太阳能热水器出水温度太高，不能调温。

故障原因：自来水水压太低。

解决方法：_____

_____

考核：[   ]

（10）辅助加热器不加热。

故障原因：误操作使过热保护器跳闸、定温继电器触电烧坏或损坏、电源线损坏、实际水温高于设定温度。

解决方法：_____

_____

考核：[   ]

4.9 思考与提升

4.9.1 太阳能热水器的安装步骤小结

4.9.1.1 初步安装（见图 4-13）

备注：电加热器安装过程为打开电加热口的防尘保温盖，松动里面的螺栓，用起子撬开底堵，检查内置 O 形圈，将选定好的内置电加热装置置入、贴死，找准螺钉位置，安装螺栓，最后将保温套穿过电源线扣上。

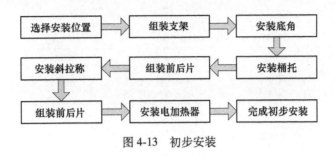

图 4-13 初步安装

4.9.1.2 安装太阳能集热器（见图 4-14）

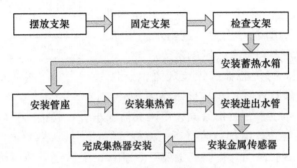

图 4-14 安装太阳能集热器

备注：

（1）固定支架。支架到位以后，要在固定物上固定，固定点可以选择的女儿墙上，用帐钩固定，然后用钢缆拉住支架，在建筑墙上打孔，安装金属膨胀钩，安装钢缆，用锁扣锁住钢缆的一端，然后挂在和墙体固定好的帐钩上，另一端同样用锁扣紧固，松紧要适度，不要求绷得很紧，有条件最好在四角就要进行拉挂，使支架整体有一个良好的定位，最后要检查支架是否水平。

（2）集热管的安装。插管前，先检查保温层内内胆上套着的这个密封硅胶圈是否安装到位。检查真空管工艺尾角是否有破损，然后看内管上的涂层是否成透明状，还有就是检查管口有没有玻璃加工毛刺，圆度、封口也决定它和水箱的封密状态，如果没有上述状况，就把这个清水加一点肥皂粉，把外面这个黑胶圈（挡风和防尘）套入管口，然后再把这个肥皂溶液把管口这块尽量浸湿多一点，右手托住玻璃管尾端，玻璃管尽量贴住管座的位置，插入以后回退至这个管座。一般管子与管子的管中距离是 75mm。插管的时候，不能太吃力，旋转的时候可以有点旋转角度，但不宜过大。

将太阳能集热器安装完成后，向储热水箱中蓄水。日照条件好的情况下，尽量不要上水，否则可能会出现集热管炸管现象。或者可以用黑布遮住太阳能集热管，防止炸管。

4.9.1.3 安装其他部分

室外安装如图 4-15 所示。
室内安装如图 4-16 所示。

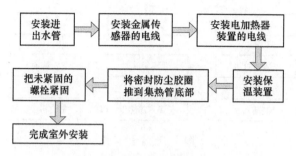

图 4-15　室外安装

备注：

（1）进出水管安装。在进出水口处缠好生料带，然后用金属管件锁好太阳能专用管。进出水管要求水箱的高度，一定要比入户高度有一定的落差。

（2）传感器安装。将传感器的锁止装置，插入水箱上侧端的孔，松开锁紧装置，然后插入金属传感器，插到桶底，听到声音为止，然后再紧固，传感器械随水管一起接入室内。

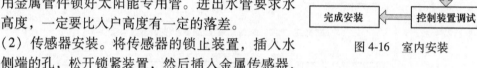

图 4-16　室内安装

（3）电加热电线安装。电加热装置有三根线，红色火线，双色线为地线，另一个为零线，连接口不在同一面上，同时每根线上要有热缩管，最后还要用绝缘胶带封过。管子外层用聚乙烯的橡塑进行保温。用铝箔纸把外漏电线包裹一下，防止电线老化。

4.9.2　太阳能热水系统的安全问题

（1）防水：全玻璃真空集热管炸管、水位传感器失效导致控制器故障、用户忘记关闭阀门（或阀门失灵）、管道老化或损坏等原因会引起漏水。漏水易引发屋顶漏水，并可能造成路面湿滑，影响人车通行的安全。冬季结冰可能破坏屋面防水层，漏水结冰后冰柱悬挂于屋檐下，可能造成冰柱坠落伤人。户内外管道由于水温较高、紫外线照射、热胀冷缩、水管结垢、压力过大等原因容易损坏，要认真选用合格的产品并及时检查和更换。

（2）电气安全：太阳能热水系统常用到智能控制器、电磁阀、水泵、辅助电加热装置和电加热伴热带等，带来了漏电的隐患。

选用水泵要多考虑扬程、流量、功率、防冻、防雨、噪声、适用水温、水质等使用条件，原则上可以安装在室内的水泵设备不进行露天安装，水质较差的地区要加装除垢器和过滤器装置，并做好防冻保护。水泵冻裂、杂质或水垢堵塞、长时间空转过热损坏电机、水封垫片老化漏水等故障都会造成电气安全隐患。水流中杂质、水垢存留、密封垫片老化以及电磁线圈雨淋漏电损坏等原因会导致电磁阀关闭不严或不能开启。电磁阀选用及安装多考虑安装条件、工作寿命、工作电压、开启状态、适用的流体范围（黏度和温度等）。辅助加热要充分考虑电缆、电线的载荷电流是否满足系统中最大功率工作时的要求。一定要采取双漏电保护、可靠接地保护、设备材料可散热、防雨外罩、涮锡接线、消音减震等措施。

（3）结构安全：太阳能热水系统一般以钢结构支架安装在建筑物的屋顶和建筑外墙，要确保机械强度、抗疲劳和耐久性。楼顶水箱承重问题需要有专业的结构设计人员进行核算。集热器阵列和保温水箱应进行加固和防风处理，确保达到10级以下风力的防风等级，并制作安装维修检查通道或爬梯，方便维护管理。热水器安装时由持有高空作业证、电气安全证等持有特种作业许可证的专业人员按规范作业。

（4）防雷：太阳能热水系统集热器及辅配件部分属于露天安装，容易暴露于建筑物的避雷范围外，可能在雷雨天气引发雷击造成损坏或传导伤人。户外钢结构支架和储热水箱等都需要做好避雷措施，当集热器或水箱高于建筑物高度时，要按规范要求做专门的避雷设施（做避雷针或制作避雷带并可靠接地）。

4.9.3　工程设计的一般步骤

（1）详细了解用户的使用情况和要求。包括用户的使用性质、用水的时段、用水的温度等。

（2）详细了解用户的建筑情况。用户房屋结构性质（平房、楼房），房屋走向（东西向、南北向），楼顶建筑物情况（有无广告牌、各种天线、电梯间、机房或水箱间等）。

（3）详细了解用户的常规能源情况。现在的常规能源有电锅炉、燃气锅炉、燃油锅炉等，做方案之前一定要了解用户的常规能源情况。

（4）根据用水量和用户意向决定工程使用的热水系统种类。包括箱式组合、联集管系统、U形管系统、分离式热水系统等。

（5）设计工程方案（文字、图形等）。1）集热器的摆放，安装基础的设计（水泥墩、槽钢等）。2）水箱的设计（包括水箱三维尺寸、保温、管道系统布局、与辅助能源的结合）。3）系统工作原理设计（管路及循环系统的设计）。4）支架，桁架及钢结构的设计。

（6）工程价格计算。1）热水器（联集管、U形管等）本身的价格。2）钢结构的价格。3）房屋基础和水箱基础的价格。4）储热水箱的价格，与常规能源结合的费用。5）管路系统的价格。6）保温部分的价格（保温材料、电伴热带等）。7）控制系统的价格。8）运输、仓储、食宿、施工等费用。9）税金、利润、佣金等费用支出等。

（7）施工方案书的制定。

1）工程概述。

要求：说明工程性质、地理位置、工程规模、施工周期。

2）工程施工图纸见表4-6。

表4-6　工程施工图纸列表

	屋面（顶）平面图	制图	审核	日期
集热器（SLL/SLU）摆放效果图	水泥墩布局图			
	槽钢布局图			
	集热器支架图			
	集热器支架在槽钢、方钢上的效果图			
	管路图（集热器到水箱之间）			
水箱图纸	水箱三维效果图			
	水箱展开图			
	管路图（水箱到联集器、水箱到供水口）			
	水箱基础图			

管路系统循环图	冷水系统循环图			
	热水系统循环图			
电气系统图	控制系统原理图			
	辅助电加热系统电气图			
	电辅热系统电气图			
	系统电气架构图			

工程案例如图 4-17 所示。

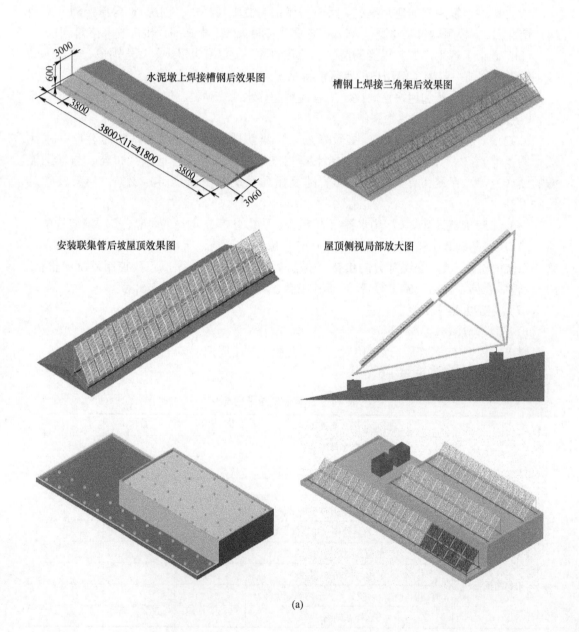

水泥墩上焊接槽钢后效果图

槽钢上焊接三角架后效果图

安装联集管后坡屋顶效果图

屋顶侧视局部放大图

(a)

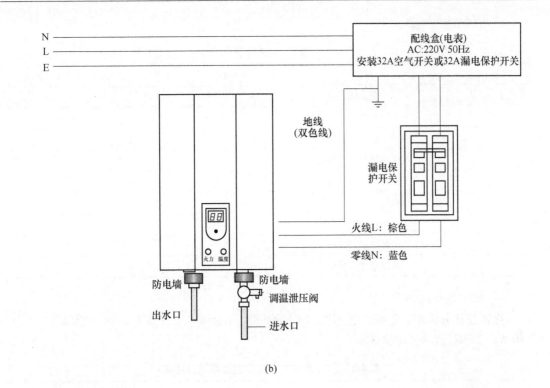

(b)

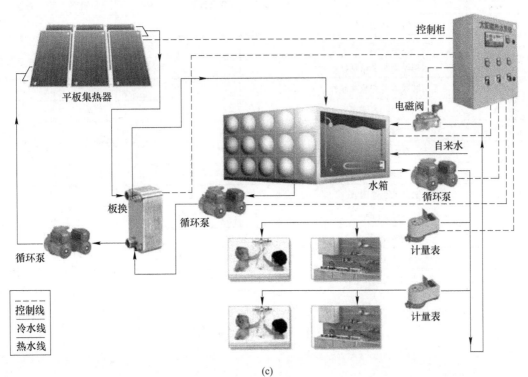

(c)

图 4-17 工程案例

(a) 效果图；(b) 电气图；(c) 示意图

（图片来源：恒凯能源）

3）材料清单见表 4-7。

表 4-7 材料清单

序号	材料	数量	单价	总价	备注
1	联集器				
2	真空管				
3	尾座、挡风圈、螺钉（M8-20，M6-20）				
4	电伴热带及保温材料				
5	槽钢数量（8 号、10 号）				
6	角钢数量（3 号、4 号）				
7	各种规格镀锌管				
8	各种水暖件				
9	水泥等辅助材料				

4）成本核算及利润分析。

计算各部分成本，计算人工成本（包括工资、补助等），计算毛利和毛利率。

5）工程进度表见表 4-8。

表 4-8 工程进度表（部分项目可同步实施）

序号	项目	开始日期	结束日期	天数	负责人	备注
1	备料及前期准备					
2	原材料进入施工现场					
3	水泥基础和水箱基础					
4	支架和联集器安装架制作					
5	联集器安装固定					
6	管路连接					
7	真空管安装					
8	水箱安装					
9	试漏和流量调节					
10	保温处理					
11	验收准备					
12	验收					
13	工程结算					

4.10 练 习 巩 固

4.10.1 填空题

（1）按照 GB/T 18713 和 NY/T 513，储热水箱的容水量在（   ）以下为家用太阳能热水器，大于 0.6t 则称为太阳能热水系统或太阳能热水工程。

（2）集热器面积小于 50m² 的小型太阳热水系统，若房屋结构允许承重，宜采用（　　　　　　　）循环方式。

（3）集热器面积大于 100m² 以上的大型太阳热水系统，宜首先考虑用（　　　　　　）循环方式。因为大型太阳热水系统的贮水箱容量大。若选用自然循环式，在房屋结构承重高架和保温方面，技术上会带来不少麻烦，经济上也不尽合理。

（4）在强制循环系统中，首先考虑采用（　　　　　　　）防冻系统，这是最简单、可靠的防冻措施。

（5）集热器安装倾角应该为 $S=A\pm10°$，这里的 A 是指（　　　　　　）。若系统在春、夏、秋季使用，$S=A-10°$；若系统全年使用，$S=A+10°$。

（6）太阳能集热器可用于（　　　　　）、（　　　　　）、（　　　　　）、（　　　　）、（　　　　　）、（　　　　　）等领域。

（7）集热器的工作介质主要可分为（　　　　　）和（　　　　　）两大类。

（8）平板型集热器的隔热层的作用为（　　　　　　　　　　　　　　）。

（9）普通玻璃、钢化玻璃和透明玻璃钢在用作盖板时，往往都采用涂膜的方法以减少太阳光的（　　　　　　　）而造成的热损失。

（10）（　　　　　　　　　　　　　　　　　　　　）的"三高"管，采用干涉吸收型超低发射比镀膜，解决了传统的渐变型选择吸收镀膜的反射曲线不陡峭，发射比随温度升高显著增大的问题。

4.10.2　简答题

（1）图 4-18 所示太阳能热水系统常用的防冻措施有哪些？

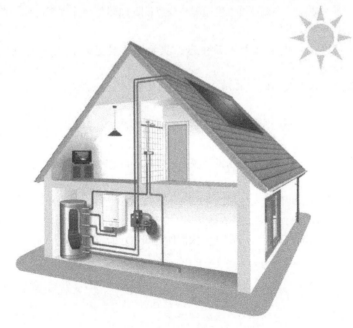

图 4-18　家庭式太阳能热水系统

（图片来源：恒凯能源）

（2）请写出确定太阳能集热器前后距离的公式。

（3）平板型集热器利用抽真空的办法进行隔热有什么困难？

4.10.3　论述题

请解析图 4-19 所示热管的工作原理。

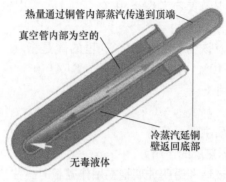

热量通过铜管内部蒸汽传递到顶端

真空管内部为空的

冷蒸汽延铜壁返回底部

无毒液体

图 4-19　热管工作原理

扫一扫
查看彩图

参 考 文 献

[1] 程明航. 太阳能热水系统在住宅建筑中的应用研究 [D]. 石家庄：河北科技大学，2017.

[2] 邓学鹏. 承压一体式太阳能热水系统结构改进研究 [D]. 扬州：扬州大学，2019.

[3] 余容. 太阳能热水工程案例分析 [J]. 住宅与房地产，2020（21）：272.

[4] 陈伟，王靖华，屈利娟，王小红. 可再生能源和节能设备加热生活热水系统设计参数探讨 [J]. 给水排水，2012，48（9）：79-83.

[5] 翟忠华. 对《建筑给水排水及采暖工程施工质量验收规范》有关规定的商榷 [J]. 建筑，2011（9）：84.

[6] 常永庆.《建筑给水排水及采暖工程施工质量验收规范》部分条文探讨 [J]. 给水排水，2009，45（S1）：335.

[7] 姜文源. 执行《建筑给水排水及采暖工程施工质量验收规范》时应注意的问题 [J]. 给水排水，2004（8）：110-111.

[8] 中华人民共和国建设部. 建筑给水排水及采暖工程施工质量验收规范 [M]. 北京：中国建筑工业出版社，2002.

[9] 韩晓. 太阳能热水器的日常保养及使用注意事项 [J]. 中国防伪报道，2015（2）：114-115.

[10] 张华. 城市建筑屋顶光伏利用潜力评估研究 [D]. 天津：天津大学，2017.

[11] 魏斯胜. 太阳热水系统的组成及分类 [J]. 太阳能，2008（4）：17-20.

项目 5　光伏光热综合应用

独立和并网光伏发电系统在技术和工程上比较成熟，但依然面临着效率较低和单位发电成本高的问题，需要国家政策的扶持才能广泛应用。光伏/光热集热器（Photo-Voltaic/Thermal collector，PV/T）将太阳能电与热能吸收器联合在一起，实现了性能互补。以目前的工程技术水平，入射太阳能转换为电能的比例大约为15%，其余大部分能量都转化为热能浪费了，这些热能还使光伏组件的温度升高，过高的温度降低了发电效率。将热量通过空气或者水回收，产生 $40\sim60℃$ 的热水供居民生活或取暖使用或其他民用或工业领域（如工业催化加热、干燥等）具有应用价值。

长期以来，对光伏发电系统的应用，人们总是把重心放在光伏部分，而忽视了其光热潜能，不愿意在光热方面加大投入。PV/T 是在光伏发电基础上的光热应用，光热利用吸收的能量，要高于纯光伏发电，其经济效益甚至要高于光伏部分。目前 PV/T 系统还处在研究阶段，没有成熟和大规模商业化的产品，主要的制约因素一方面是由于制造工艺难度，如电池组件与集热器的机械密封耦合；另一方面是要提升综合利用效率，实现效益最大化。

太阳能光伏光热一体化组件主要由光伏与光热两个部分组成。光伏部分采用技术成熟的太阳能光伏面板，通过控制系统为建筑提供所需电能，主要包括光伏电池、蓄电池、逆变器和控制器等构件。光热部分主要为集热器，将太阳能转换为热能，同时使用热循环机制，冷却太阳能电池，提高光电转换效率，更高效地利用太阳热能。

5.1　知识点　PV/T 系统构造

太阳能电池在将光能转换成电能的过程中，并不是将全部的光能都转换成电能。理论研究表明，单极单晶硅材料的太阳能电池在0℃时的转换效率的理论物理极限为30%。在光强一定的条件下，当硅电池自身温度升高时，输出功率将下降。在实际应用中，标准条件下，晶体硅电池平均效率在20%上下。也就是说，太阳能电池只能将20%的光能转换成可用电能，其余的80%都被转化为热能。另外，光伏组件在温度大于25℃时，温度每增加 1K，输出电量减少 0.5%~0.8%，除了光电转换效率大大降低外，太阳能电池的使用寿命也将缩短。[1]

为解决上述问题，太阳能光伏发电与热电联供（PV/T）技术开始受到重视，该技术将太阳能电池组件作为吸热体，同时将太阳能转化为电能和热能，在降低光伏电池温度的同时实现废热利用，提高了太阳能的综合利用效率，能达到充分利用能源的目的，且拓宽了太阳能电池组件的使用功能。结构如图 5-1 所示。

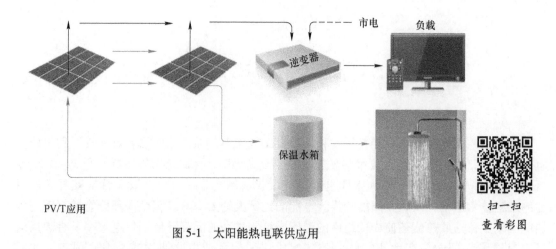

图 5-1　太阳能热电联供应用

5.1.1　太阳能电池组件结构

太阳能电池组件是太阳能电池的工业化构件，以半导体材料的 PN 结为基础制作，其中单玻组件的基本结构通常如图 5-2 所示，铝合金外框体用于增强机械强度和保护框体内的组件结构。其中，组件结构包括透光的前表面玻璃基片、透明密封件（如 EVA 胶）、电池片及背封薄膜（后表面保护部件，如 PVF 聚氟乙烯、TPT/TPE）等。组件是光伏电站采购的发电配件的最小单元，组件发电的工作原理是太阳光透过玻璃基片照射在光电产生器件上，光电产生器件（PN 结）通过光电效应直接将光能转换为电能，通过与电池组件配套使用的光伏接线盒，将电能输出，在组件背面的铭牌上，一般会标注好组件的结构尺寸、功率大小以及填充因子等参数。

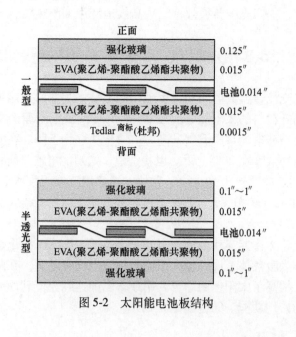

图 5-2　太阳能电池板结构

5.1.2 太阳能电池组件取热方法

吸热装置可以布置在太阳能组件密封件内或密封件外，依靠工作介质（空气、水）的显热传热方式或依靠热管的相变换热技术将热量带走并加以利用。导热层选择绝缘材料和高导热材料制成，导热元件可以是具有高导热能力的金属类元件，或是导热能力高于金属类元件的热管等。以下仅对几种常见的 PV/T 技术进行简单介绍。

5.1.2.1 管板型热电联产技术

管板型热电联产技术为依靠工作介质（水、制冷剂）的显热传热方式，其组件多采用将传统铜管或铝管焊接在金属板（相当于导热翅片）上的方法实现热电联产，其典型结构如图 5-3 所示。冷却水流经光伏板背部的集分管流道，通过对流换热吸收光伏余热，从而将热量带走。测试结果表明该热电联产系统的综合性能效率最高可达 0.60，优于单独太阳能热水系统和单独光伏系统。

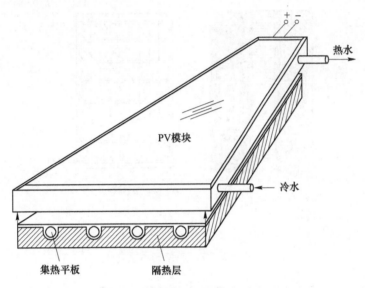

图 5-3 管板型 PV/T 结构示意图

从降低工艺难度、低成本的角度分析，本书作者借鉴广泛应用于空调、电冰箱中的 U 形管结构[5]，提出了一种工艺简单、可靠性高的集热器解决方案，如图 5-4 和图 5-5 所示，图 5-4 是系统总体结构图，图 5-5 是集热器剖面与结构。U 形管道具有密封性好、结构强度高、安装方便的优点。另外，其在空调上的应用有着悠久的历史，制造工艺成熟，便于工业化的大规模生产，为 PVT 系统的大规模工业化流水线生产提供了可能。PVT 系统的结构主要由光伏发电系统和水循环系统两部分构成，水循环系统包含集热器、50L 的保温水箱、管道、阀门、辅助加热器、流量计、温度计、控制器等。

5.1.2.2 扁盒型热电联产技术

扁盒型热电联产技术采用铝合金扁盒型吸热体代替管板型吸热体，其典型结构如

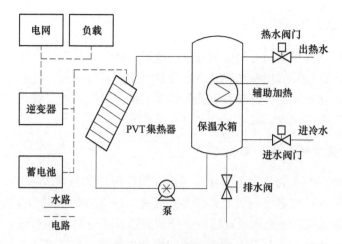

图 5-4　PV/T 系统结构图

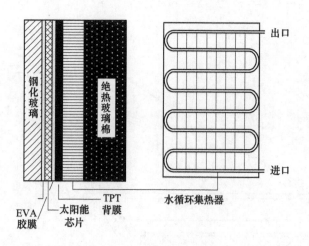

图 5-5　集热器结构示意图

图 5-6所示。该结构可降低 PV 板与吸热体之间的接触热阻，从而获得更高的热效率。测试结果表明，该种型式的热电联产系统日平均热效率可达40%。

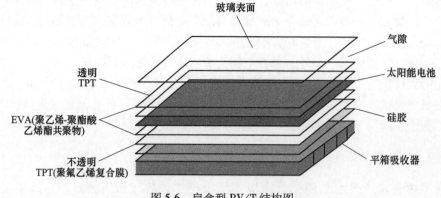

图 5-6　扁盒型 PV/T 结构图

5.1.2.3 热管型热电联产技术

热管是一种高效传热元件，具有很好的均温性能，非常适用于太阳能电池冷却。图 5-7 为圆热管型 PV/T 结构示意图。圆热管蒸发端紧贴太阳能电池的背面，冷凝端在水管路中与流经的循环水进行对流换热，热管将光伏电池吸收的热量传递给循环水，从而将水加热。经测试，在太阳辐照度为 $661W/m^2$ 的测试日，圆热管型 PV/T 系统的热效率为 41.9%，电效率为 9.4%。

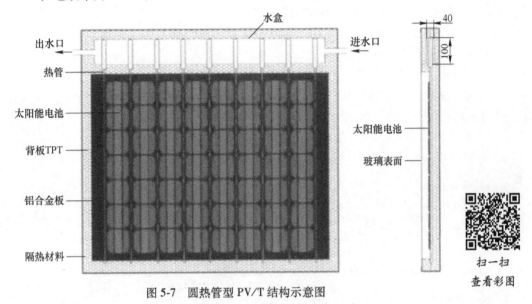

图 5-7 圆热管型 PV/T 结构示意图

平板热管型 PV/T 结构示意图如图 5-8 所示，将平板热管贴合在光伏电池背板上，各根平板热管之间留有吸收热膨胀与热应力的缝隙。电池板上吸收的热量在热管的蒸发端快速而有效地吸收并传输到其冷凝端，再通过与冷凝端贴合的水管换热器将热量释放于管内

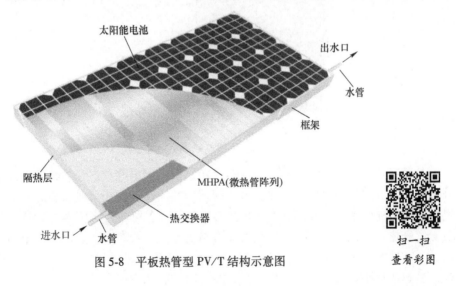

图 5-8 平板热管型 PV/T 结构示意图

的冷却介质，冷却介质通过自然对流或强制对流的方式将热存储于回路中的水箱中，从而实现对光伏电池的降温和余热利用。测试结果表明，北京市春、夏、秋、冬典型日的电效率分别为13.76%、11.92%、13.71%和14.65%，热效率分别为31.62%、33.07%、24.99%和17.24%，即总效率分别为45.38%、44.99%、38.7%和31.89%。

5.1.2.4　超薄吸热板芯型PV/T技术

超薄吸热板芯型PV/T采用具有内置波纹状流道的平板型超薄吸热板芯作为其吸热结构，板芯结构如图5-9所示，板芯具有如下特点：[2]

（1）厚度小于5mm，通过层压技术与光伏电池背板无缝贴合，无须使用导热硅胶或焊接等手段，消除了接触热阻的影响。

（2）吸热板芯的板片由厚度为0.5～2mm的不锈钢或铝材等金属薄板冲压而成。

（3）两个薄板片采用激光焊接工艺密封而成，因而有较高的耐温、耐压性能，且标准化生产程度高，生产工艺简单，成本低廉。

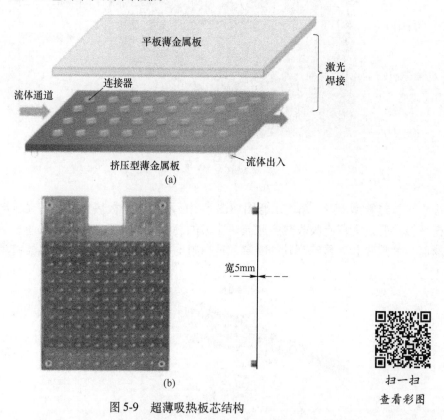

图5-9　超薄吸热板芯结构

超薄吸热板芯型PV/T组件（见图5-10）由光伏电池、内置波纹状流道的平板型超薄吸热板芯、保温层、边框等组成。金属薄板型换热器（即超薄吸热板芯）和保温材料层通过金属固定夹快速固定在光伏电池板的金属外框内，可快速将标准的光伏电池板直接改造成光电光热一体化组件。一体化组件具有结构紧凑、效率高、压损小、重量轻巧、安装灵活、承压性高、耐腐蚀和成本低等特点。适用于兼有热电需求的民用及工业场合。据报道，其热效率平均值为47.59%，电效率平均值为13.7%。

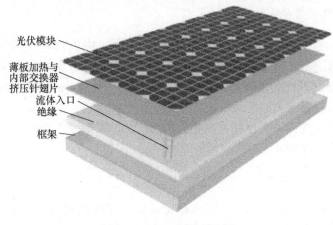

光伏模块
薄板加热与
内部交换器
挤压针翅片
流体入口
绝缘
框架

扫一扫
查看彩图

图 5-10 PV/T 组件结构图

目前，光伏发电的平均光电转换效率过低（12%～20%），成本过高。光伏组件在发电的同时导致光伏电池温度迅速上升，造成部分热能的浪费，同时也会影响光伏组件的发电效率。太阳能光伏发电及其余热利用技术在解决光伏板散热问题的同时，提高发电效率。PV/T 实物如图 5-11 所示。

扫一扫
查看彩图

图 5-11 光伏光热一体化系统实物图

5.2 知识点 PV/T 系统对流传热性能分析

以单个的太阳能电池发电集热组件为研究对象，组件尺寸为 1200mm×1000mm，面积为 1.2m²，以水为热量吸收冷媒。假设入口温度为 25℃，出口温度为 65℃，则平均温度为 45℃，查阅水的物性参数表，在 45℃下的特性见表 5-1。

表 5-1 水在 45℃时的特性参数表

热导率 λ/W·(m·K)$^{-1}$	密度 ρ/kg·m^3	比热容 c_p/kJ·(kg·K)$^{-1}$
0.642	990.2	4.174
运动黏度 ν/m²·s^{-1}	动力黏度 η/Pa·s	普朗特数 Pr
$6.075×10^{-7}$	$6.014×10^{-4}$	3.93

下面对强制对流集热器进行理论分析，分别讨论各因素的影响。

5.2.1　流速对传热性能的影响

采用 $d=25\text{mm}$ 的标准管制造 U 形管，依据文献[6]的研究成果，以管间距 80mm 排布 U 形管，每块电池板上的水管总长度约为 10m。下面计算不同流速下的传热系数[5]。

（1）层流。冷却管内的流体流速较缓时，流体的黏滞力对流场的影响大于惯性力，流场中流速的扰动会因黏滞力而衰减，流体作稳定层状的流动，水质点沿着与管轴平行的方向作平滑直线运动，流体的流速在管中心处最大，其近管壁处最小，这就是层流态。

管内水的平均流速为 u，于是雷诺数为

$$Re = \frac{ud}{\nu} = \frac{u \times 0.025}{6.075 \times 10^{-7}} = 4.115 \times 10^4 \times u \tag{5-1}$$

对光滑管道，$Re < 2300$，即 $u < 0.0535\text{m/s}$，管内流动处于层流态，采用爱德华兹（D. K. Edwrards）计算式为

$$Nu = 3.66 + \frac{0.0668 Re P_r (d/L)}{1 + 0.04 \left[Re P_r (d/L) \right]^{2/3}} = \frac{225.07 u}{1 + 0.04 (3369 u)^{2/3}} \tag{5-2}$$

$$h = Nu \frac{\lambda}{d} = Nu \frac{0.642}{0.025} = \frac{5779.8 u}{1 + 0.04 (3369 u)^{2/3}} \tag{5-3}$$

绘制流速从 $0.01 \sim 0.054\text{m/s}$ 变化时相应的对流传热系数曲线如图 5-12 所示。

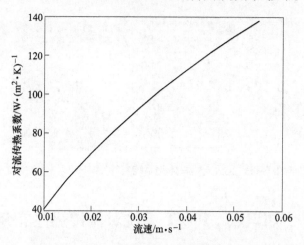

图 5-12　层流情况下流速与对流传热系数关系

低速层流的情况下，由于管径较小，集热器的对流传热系数在 $40 \sim 140\text{W/m}^2 \cdot \text{K}$，热吸收能力并不是特别好。

（2）过渡流与湍流。逐渐增加流速，惯性力对流场的影响大于黏滞力，流体流动逐渐不稳定，逐渐发展、增强，形成紊乱、不规则的湍流流场，流体的流线出现波浪状的摆动，摆动的频率和振幅随之增加，此时为过渡流；当流速增加到很大时，流场中产生许多小漩涡，层流被破坏，相邻流层间不但有滑动，还有混合，这时的流体作不规则运动，有垂直于流管轴线方向的分速度产生，这种运动称为湍流，又称为乱流、扰流或紊流。

根据式（5-1），雷诺数 $Re > 2300$ 时，系统处于湍流态，采用格尼林斯基计算式计算努塞尔数[5]为

$$Nu = \frac{(f/8)(Re - 1000)P_r}{1.07 + 12.7\sqrt{f/8}(P_r^{2/3} - 1)} \tag{5-4}$$

其中，摩擦因子

$$f = [0.79\ln Re - 1.64]^{-2} \tag{5-5}$$

从而得到平均对流换热系数为

$$h = Nu\frac{\lambda}{d} = 25.68Nu \tag{5-6}$$

绘制流速从 0.05~0.3m/s 变化时相应的对流传热系数曲线如图 5-13 所示。

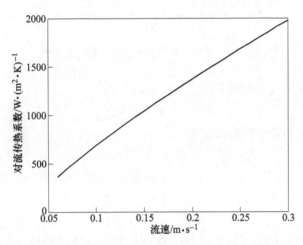

图 5-13　湍流情况下流速与对流传热系数关系

　　由图可知，当流速加快时，强制对流条件下的热吸收能力比较强，但是对水的驱动要消耗一定的能量。综合图 5-10 和图 5-11，流速与对流传热系数之间是一种接近线性的关系。

5.2.2　管径对传热性能的影响

　　依据前面的分析结果，选择湍流工作状态，并选取与太阳入射功率 1000W/m² 相对应的流速 0.16m/s。利用式（5-6），可绘制出管径在 0.01~0.1m 变化时的流速与传热性能之间的关系，如图 5-14 所示。

　　由图 5-14 可知，在定速条件下，管径在 0.02~0.03m 存在最优解，标准管径 0.025m 正处在最优解区间内，可选取 0.025m 为适当管径。

5.2.3　管长与传热系数关联

　　太阳的功率入射现象类似于恒定热流密度的加热过程。根据文献[7]，广州附近地区属太阳能资源丰富区，平均年太阳总辐射为 4279.58MJ/m²，月平均总辐射 7 月最多（475.22MJ/m²），2 月最少（226.67MJ/m²）。10∶00~14∶00 太阳能资源最为丰富，期间每小时辐射强度计算年平均超过 1.45MJ/m²，最大辐射功率为 1250W/m²。PV/T 系统应按最大值留有一定的裕量，因而选择 1200W/m² 作为入射的恒热流功率。

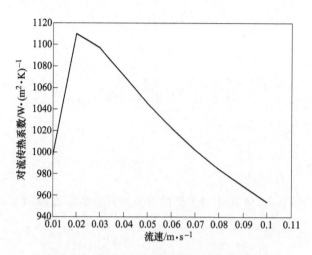

图 5-14　管径流速与对流传热系数关系曲线

利用对流换热量公式（管道只有上表面吸热）为

$$\Phi = h(\pi d/2)L\Delta t_m \tag{5-7}$$

从而推导出需要的最小管道长度为

$$L = \Phi/h(\pi d/2)\Delta t_m \tag{5-8}$$

在式（5-8）中，辐射功率 $\Phi = 1200$ 选取峰值，设计系统水温由 25℃ 上升到 65℃[8]，一共有 4 个电池组件单元，则每个电池组件单元的温升为 $\Delta t_m = 10$℃，管道选取标准管，则 $d = 0.025$m。代入式（5-8）中，得到

$$L = 1200/(h(3.1415 \times 0.025/2) \times 10) = 3055.9/h \tag{5-9}$$

5.2.4　综合寻优

以标准管制造吸热器，确定了管径 $d = 0.025$m。考虑热吸收能力与 U 形管自身的热传导的平衡，在电池组件上均匀布置 U 形管，选取管间距为 120mm，则单个组件的管长为 $L = 8$m。将 L 代入式（5-9），得到

$$h = 3055.9/L = 382.1 \tag{5-10}$$

由式（5-6）及图 5-11，考虑热传递的问题，保留一定的裕量，取流速 $u = 0.05$m/s 即可。由此，计算出了最优的水冷装置的设计参数。

5.3　知识点　PV/T 实验案例

在广东省佛山市顺德学院实训楼 8 楼楼顶，选择一个晴天，从上午 8 点到下午 5 点，采用上面设计优化的强制水循环的 U 形管集热器结构与参数进行数据采集与验证性测试，使用计算机每 5min 记录 1 次数据。本文采用文献[5]提出的热效率、电效率和光电光热综合效率评价系统的性能。系统热效能定义为单位面积上输出的热量与入射的太阳能量之比；系统发电效率定义为输出的电功率与太阳入射功率之比；光电综合利用效率定义为前面两者之和。

首先对测量数据进行统计分析，计算得到在当日晴朗，偶尔有云遮挡的天气下，日平均辐射强度为 642.96W/m²，最大值为 1150W/m²，平均环境温度为 30.83℃，平均环境湿度为 60.83%；绘制实时太阳辐射功率与环境温度和湿度数据如图 5-15 所示。

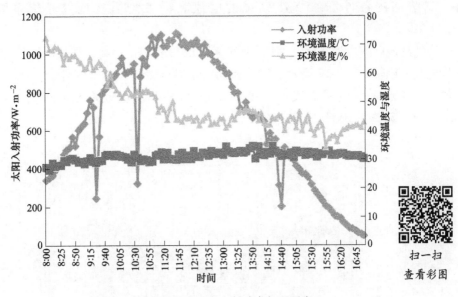

图 5-15　晴朗气候下太阳入射功率与温湿度

由图 5-15 可见，顺德属亚热带季风气候，附近地区的湿度比较大，空气流动较大，空气的吸热能力较强，环境温度保持在比较稳定的水平。受到云遮挡的影响，有三个太阳辐射比较低的时间段。

PV/T 水冷装置能影响电池组件的表面温度，采集的数据绘制曲线如图 5-16 所示。

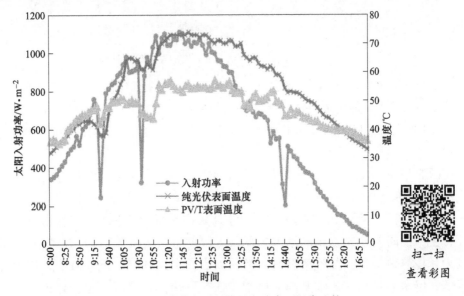

图 5-16　PV/T 与纯光伏发电系统的电池表面温度比较

PV/T 水冷以集热为目的,下午 4 点以后,流动冷却水温低于保温水箱温度,停止强制冷却过程,电池表面温度此时受到表面空气散热影响,逐步降低。图 5-14 的数据统计表明,PV/T 水冷装置有益于在高温时降低电池表面温度。通过数据统计,在天气晴朗的条件下,PV/T 系统的电池表面平均温度比纯光伏系统低 49.5 - 37.4 = 12.1℃。

降低高温时的电池表面温度是 PV/T 系统的目的之一,纯光伏发电系统与 PV/T 系统的发电效率比较如图 5-17 所示。对于相同的单晶硅太阳能电池组件,在相同的太阳入射条件下,发电效率主要受表面温度的影响,PV/T 发电效率相对提升了约 15.78% - 14.25% = 1.53%,相对比率约为 10%。

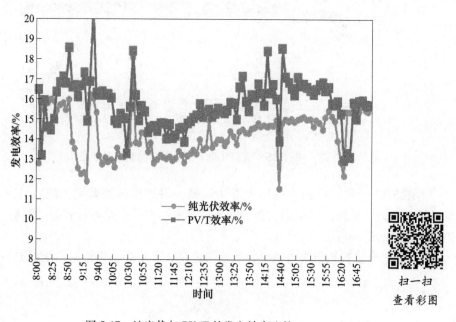

图 5-17　纯光伏与 PV/T 的发电效率比较

冷却水从太阳能电池组件上吸收的太阳能在保温水箱内被储存下来。图 5-18 显示的是 PV/T 的太阳热能的综合利用效率及保温水箱的水温变化及与此同时 PV/T 综合效率的变化。

图 5-18 可知,在当日早上 8 点的时候,广东顺德地区的太阳强度就已经比较高了,PV/T 系统的综合效率从 36% 左右开始逐渐上升,直到上午 12 点半左右,太阳光入射功率最强,然后光照逐渐降低,综合效率也随之下降。PV/T 热效率还与温差相关,上午的时候,储水箱的水温较低,太阳能电池与集热器冷却水管里面的水的温差较大,传热效果好,热效率较高,下午以后,水温升高,温差减小,因而热效率逐步降低,但水温仍然在逐渐升高。由实验数据可知,系统可以比较好地实现对太阳热能的利用。

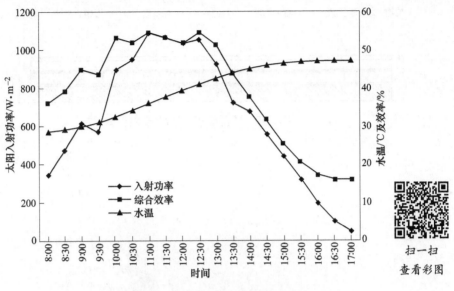

扫一扫
查看彩图

图5-18 PV/T系统的水温与综合热效率

5.4 实 验 任 务

5.4.1 任务描述

测量 PV/T 装置的效率。

5.4.2 所需工具仪器及设备

(1) 太阳能功率计、PV/T 系统。
(2) 电压、电流与功率测量仪表。
(3) 流量计、温度计等。

5.4.3 知识要求

太阳能光伏光热综合应用（PV/T）实验装置介绍：在太阳能电池背面敷设流体通道是 PV/T 系统的核心。选用已商品化的太阳能电池与家用平板型太阳能热水器组成一套完整的光伏光热一体化系统。热水器的集热板为扁盒型铝合金集热板，该集热板是用多条厚1cm、有效宽度8.5cm、材质厚度1mm的扁盒型铝合金型条并列拼装而成，上下联管材质相同，把太阳能电池用导热性能良好的密封胶分别贴附在各扁盒型铝合金型条上半部表面上，其间用不透明 TPT 绝缘，表面覆盖以透明的乙烯醋酸乙烯酯（EVA）材料，将各层连同铝合金型条用真空层压机抽真空紧密压制，以保证密封良好，各层接触紧密。集热板结构如图5-19所示。

太阳能电池组件贴附完成后将各型条并列连接，拼装成一块完整的复合集电热板。结构示意图如图5-20所示。

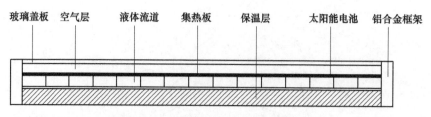

图 5-19　扁盒型 PV/T 收集器结构图

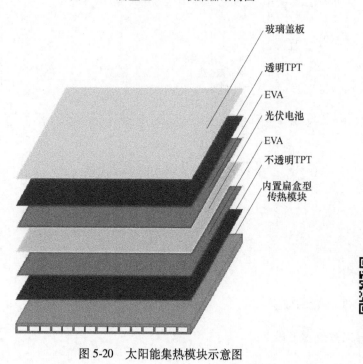

图 5-20　太阳能集热模块示意图

扫一扫
查看彩图

5.4.4　技能要求

（1）学会电功率的测量方法。

（2）学会热功率的测量方法。

（3）学会效率计算的方法。

5.4.5　注意事项

（1）防晒、防烫、防眩光。

（2）防止由于阳光反射、遮挡等因素造成测量数据不准确。

5.4.6　任务实施

5.4.6.1　了解系统组成结构

光伏系统在标准工况下的能量转换效率为 18%，阵列转换效率约为 14.6%。光伏产生的直流电可用蓄电池贮存起来或转变为 220V 标准交流电。复合热水器为自然循环式，整个光伏热水一体化系统结构及数据采集系统如图 5-21 所示。

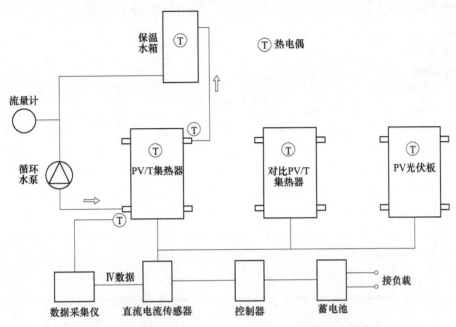

图 5-21 多功能 PV/T 集热器光伏/光热性能测试系统流程图

PV/T 实验数据采集系统如图 5-22 所示。数据采集仪对 PV/T 系统进行数据实时记录，再综合分析三者的光热光电效率。实验都在晴朗天气下进行测试，每天测试时间从 8：00~16：00。

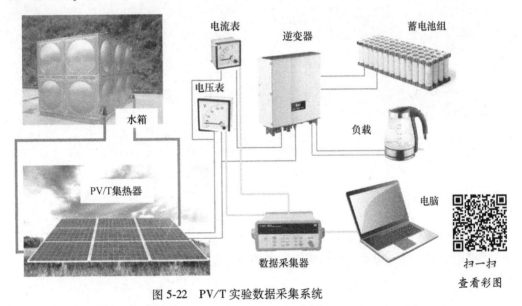

图 5-22 PV/T 实验数据采集系统

5.4.6.2 实验数据采集

将实验装置调试好后，启动实验装置，并进行数据的采集和记录，因为课堂实验时间有限，实验数据每分钟记录一次，总共持续 30min 的时长。

假设 30min 内流量、环境温度、风速不变，先测试它们的值填到表 5-2。

流量：_____。

环境温度：_____。

环境风速：_____。

表 5-2　实验数据

时间	辐射功率	进水温度	出水温度	热功率	热效率	电功率 $P=IV$	电效率	整体效率

5.4.6.3　PV/T 集热器光伏光热性能分析

A　实时太阳辐射功率与温湿度

参照图 5-15，绘制实时太阳辐射功率与环境温度和湿度曲线。

曲线分析结论：

B　PV/T 与纯光伏发电系统的电池表面温度比较

参照图 5-16，绘制 PV/T 与纯光伏发电的组件比较温度曲线。

曲线分析结论：

C 比较纯光伏与 PV/T 的发电效率

参照图 5-17，绘制纯光伏与 PV/T 的发电效率比较曲线。

曲线分析结论：

D 观测期内的水温与系统综合效率分析

参照图 5-18，绘制实验 PV/T 系统的水温与综合热效率变化曲线。

曲线分析结论：

附：参考数据。

按照《太阳热水系统设计、安装及工程验收技术规范》（GB/T 18713—2002）的要求进行测试，测量参数包括：太阳辐照量 R，水箱温度 T_w，环境温度 T_s，工作电压 U，工作电流 I。每 5min 采集 1 次数据，处理后的实验结果见表 5-3。

表 5-3 实验数据案例

进口冷水温度 $T_{in}/℃$	全天最高水温 $T_{max}/℃$	环境温度 $T_s/℃$	辐射强度 $R/MJ \cdot m^{-2}$	热效率 $\eta_{th}/\%$	电效率 $\eta_e/\%$	整体效率 $\eta_0/\%$
31.6	53.9	35.08	12.01	35.30	9.76	45.06
31.2	57.4	34.82	18.22	35.90	9.30	45.20
29.0	65.1	35.20	19.05	45.40	9.12	54.52
38.6	48.1	33.80	5.91	38.50	9.40	47.90
56.2	67.2	34.49	11.61	21.30	9.38	30.68
33.3	53.1	32.81	13.68	32.70	9.87	42.57
30.1	63.5	36.82	19.20	40	9.02	49.22
30.5	58.1	37.01	15.52	41.90	9.88	51.78
33.3	53.1	32.81	13.68	32.70	9.87	42.57

5.5 任务汇报及考核

5.5.1 实验结果分析

实验结果表明，系统整体效率在 50% 左右，比普通平板型热水器热效率有显著提高，更高于单一光伏系统效率。同时，经一天日照后热水终温多在 50℃ 以上，天气晴朗或多云时可达 60℃，可以较好地满足家庭洗浴需要。

实验中，系统电效率低于标准情况下的电池阵列效率 11.6%，4 个原因导致上述结果：玻璃盖板遮盖、电池组件温度较高、最佳工作点偏离以及太阳辐照度低于 1000W/m²。因此，光伏电池效率将如实验结果所示在 9.5% 波动。

计算可知，当电池组件温度较高时，此温度对电池效率的影响比其他可变因素更为显著。因此，电效率在热水终温较高时较小；而在日平均太阳辐射度较小，热水终温较低时各因素作用效果相当，因此系统电效率并不完全按照热水终温的高低顺序升降。但是总体来看，电效率仍近似随热水终温增加而减小。

对于整体 PV/T 系统而言，在技术上低进口水温度有利于提高电效率和热效率。由于热效率电效率和高的热水终温之间都无法兼顾，选择合适的 V/A 值对于在效率和热水终温之间取得平衡具有重要意义。

5.5.2 对比分析四种不同的 PV/T，找找有什么不同

5.5.2.1 双玻 PV/T 光伏热水器（见图 5-23）

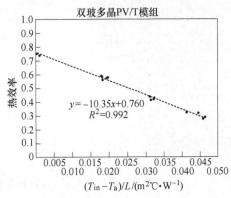

$$y = -10.35x + 0.760$$
$$R^2 = 0.992$$

扫一扫
查看彩图

图 5-23　双玻 PV/T 光伏热水器

它所对应的特性指标（中英文对照）见表 5-4。

表 5-4　双玻 PV/T 光伏热水器特性指标

STC 下的电气特性 Electrical characteristic under STC	
模块类型 Module type	DY-160-PVT
最大功率 Maximum power, W_p	160
最大功率时的电压 Voltage at maximum power, U_{mp}/V	19.44
最大功率时的电流 Current at maximum power, I_{mp}/A	8.23
开路电压 Open circuit voltage, U_{oc}/V	23.59
短路电流 Short circuit current, I_{sc}/A	8.75
工作温度 Operating temperature/℃	−40~85
最大电压 Maximum voltage/V	1000
太阳能电池类型 Solar cell type	多晶硅 Poly-Silicon
尺寸 Dimensions/mm	1900×1005×5
前玻璃 front glass	浮法玻璃 Float glass
接线盒 Junction box	IP65
温度特性 Thermal characteristic	
材料 House	不锈钢 SUS304
传热材料 Heat transfer material	防锈 Stainless
绝缘 Insulation	发泡胶 Styrofoam
连接尺寸 Connection dimension, mm	$\phi25.4$
最大工作压力 Maximum operating pressure/Bar	10

5.5.2.2　薄膜PV/T光伏集热器（见图5-24）

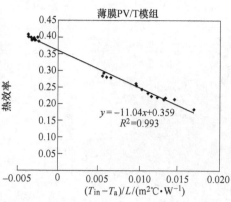

薄膜PV/T模组

$$y = -11.04x + 0.359$$
$$R^2 = 0.993$$

扫一扫
查看彩图

图5-24　薄膜PV/T光伏集热器

它所对应的特性指标（中英文对照）见表5-5。

表5-5　薄膜PV/T光伏热水器特性指标

STC下的电气特性 Electrical characteristic under STC	
模块类型 Module type	DY-90-PVT
最大功率 Maximum power, W_p	90
最大功率时的电压 Voltage at maximum power, U_{mp}/V	103
最大功率时的电流 Current at maximum power, I_{mp}/A	0.9
开路电压 Open circuit voltage, U_{oc}/V	137
短路电流 Short circuit current, I_{sc}/A	1.15
模组效率 Module efficiency/%	6.29
功率容差 Power tolerance/W	−0/+4.99
工作温度 Operating temperature/℃	−40~85
最大电压 Maximum voltage	DC 1000V（IEC）/600V（UL）
机械特性 Mechanical characteristic	
太阳能电池类型 Solar cell type	非晶硅 Amorphous Silicon
尺寸 Dimensions/mm	1300×1100×7
净重 Weight/kg	36.5
前玻璃 Front glass	浮法玻璃 Float glass
接线盒 Junction box	IP67
温度特性 Thermal characteristic	
材料 House	不锈钢 SUS 304
传热材料 Heat transfer material	防锈 Stainless
绝缘 insulation	发泡胶 Styrofoam
连接尺寸 Connection dimension/mm	φ25.4
最大工作压力 Maximum operating pressure/Bar	10

5.5.2.3　单晶 PV/T 光伏集热器（见图 5-25）

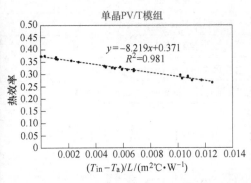

扫一扫
查看彩图

图 5-25　单晶 PV/T 光伏集热器

它所对应的特性指标（中英文对照）见表 5-6。

表 5-6　单晶 PV/T 光伏热水器特性指标

STC 下的电气特性 Electrical characteristic under STC	
模块类型 Module type	DY-320-PVT
最大功率 Maximum power，W_p	320
最大功率时的电压 Voltage at maximum power，U_{mp}/V	54.7
最大功率时的电流 Current at maximum power，I_{mp}/A	5.86
开路电压 Open circuit voltage，U_{oc}/V	64.8
短路电流 Short circuit current，I_{sc}/A	6.27
模组效率 Module efficiency/%	19.6
功率容差 Power tolerance/W	−0/+3
工作温度 Operating temperature/℃	−40~80
最大电压 Maximum voltage，U_{dc}/V	1000
串联熔丝额定值 Series fuse rating/A	15
机械特性 Mechanical characteristic	
太阳能电池类型 Solar cell type	单晶硅 Mono-crystalline
尺寸 Dimensions/mm	1559×1046×46
净重 Weight/kg	40
前玻璃 Front glass	AR 钢化玻璃 Tempered glass with AR
封装 Encapsulation	EVA
后 Rear	复合膜 Composite film
接线盒 Junction box	IP65，MC4 连接器
电池片数 Number of cells	96 背接触太阳能电池 96 Back contact solar cell

续表 5-6

温度特性 Thermal characteristic	
材料 House	镁铝锌合金 Mg-Al-Zn alloy
传热材料 Heat transfer material	防锈 Stainless
绝缘 Insulation	玻璃纤维 Glass Fiber
连接尺寸 Connection dimension/mm	$\phi25.4$
最大工作压力 Maximum operating pressure/Bar	10

5.5.2.4　多晶 PV/T 光伏集热器（见图 5-26）

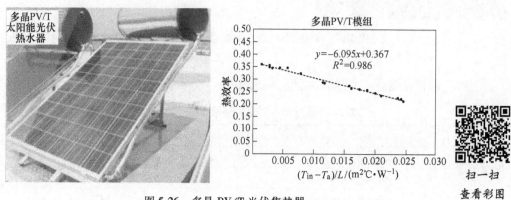

图 5-26　多晶 PV/T 光伏集热器

它所对应的特性指标（中英文对照）见表 5-7。

表 5-7　多晶 PV/T 光伏热水器特性指标

STC 下的电气特性 Electrical characteristic under STC	
模块类型 Module type	DY-250-PVT
最大功率 Maximum power, W_p	250
最大功率时的电压 Voltage at maximum power, U_{mp}/V	30.69
最大功率时的电流 Current at maximum power, I_{mp}/A	8.15
开路电压 Open circuit voltage, U_{oc}/V	38.12
短路电流 Short circuit current, I_{sc}/A	8.63
模组效率 Module efficiency/%	15.31
功率容差 Power tolerance/W	−0/+5
工作温度 Operating temperature/℃	−40~85
最大电压 Maximum voltage, U_{dc}/V	600
串联熔丝额定值 Series fuse rating/A	15

机械特性 Mechanical characteristic	
太阳能电池类型 Solar cell type	多晶硅 Poly-crystalline
尺寸 Dimensions/mm	1650×992×42
净重 Weight/kg	38
前玻璃 Front glass	钢化玻璃 Tempered glass
封装 Encapsulation	EVA
后 Rear	杜邦 Tedlar
接线盒 Junction box	IP65，带太阳能电缆和连接器的套件 Kit with solar cables & connectors
电池片数 Number of cells	60
温度特性 Thermal characteristic	
材料 House	镁铝锌合金 Mg-Al-Zn alloy
传热材料 Heat transfer material	防锈 Stainless
绝缘 Insulation	玻璃纤维 Glass fiber
连接尺寸 Connection dimension/mm	$\phi25.4$
最大工作压力 Maximum operating pressure/Bar	10

考核：[　　　　　　　　　　　　　　　　　　　　]

5.6　思考与提升

　　铜铟镓硒（CIGS）薄膜太阳能电池的转化效率是所有薄膜太阳能电池中最高的，已成为全球光伏领域研究热点之一，由于对光照角度要求低，CIGS 光伏组件作为建材产品可安装于建筑物外立面，同时它能够以多种方式嵌入屋顶，非常适合太阳能光伏建筑一体化和大型并网电站项目。CIGS 光伏组件的发电效率与其背板温度成反比[1]，组件温度每上升 1℃，效率将下降 0.36%。

　　CIGS 与热泵热电联产系统如图 5-27 所示，主要包括 CIGS 光伏组件、热泵和组件监测装置，CIGS 光伏发电系统包括 CIGS 光伏组件、逆变器和交流汇流箱；热泵包括压缩机、冷凝器、膨胀阀和蒸发器盘管；组件监测装置用来测量 CIGS 光伏组件光电转换效率和光热转换效率。CIGS 与热泵联合运行模式下，CIGS 光伏组件与热泵独立运行又互相耦合，当热泵系统工作时，低温低压制冷剂气体经压缩机压缩成高温高压制冷剂气体，经膨胀阀后进入冷凝器，冷凝器产生的热水供用户使用，经冷凝器冷凝后的高压低温制冷剂液体经膨胀阀节流后变为低压低温制冷剂气液两相共存，而后进入盘管式蒸发器，制冷剂在盘管式蒸发器中吸收来自光伏背板的余热，成为低压低温制冷剂气体后进入压缩机，完成一个工作循环。[3]

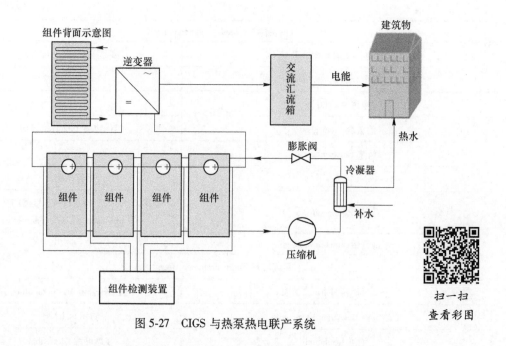

图 5-27　CIGS 与热泵热电联产系统

5.7　练 习 巩 固

5.7.1　填空题

（1）单面光伏组件的层叠结构一般为钢化玻璃、EVA、（　　　　　　　　）、TPT 和铝合金边框。

（2）理论研究表明，单极单晶硅材料的太阳能电池在 0℃时的转换效率的理论物理极限为（　　　　　）。

（3）在光强一定的条件下，当硅电池自身温度升高时输出功率将（　　　　　　　　）。

（4）太阳能电池只能将部分光能转换成可用电能，其余的都被转化为（　　　　　　）。

（5）PVT 提高了太阳能利用率，系统整体效率在 50% 左右，比普通平板型热水器热效率有显著提高，更高于单一（　　　　　　）系统效率。

5.7.2　分析题

（1）试分析前面图 5-22 所示的 PV/T 系统效率测试的机理，列出公式。

（2）计算题，求表 5-8 所示铭牌的薄膜 PV/T 的光伏组件填充因子。

表 5-8　薄膜 PV/T 光伏热水器特性指标

STC 下的电气特性 Electrical characteristic under STC	
模块类型 Module type	DY-90-PVT
最大功率 Maximum power，W_p	90
最大功率时的电压 Voltage at maximum power，U_{mp}/V	103

续表 5-8

STC 下的电气特性 Electrical characteristic under STC	
最大功率时的电流 Current at maximum power, I_{mp}/A	0. 9
开路电压 Open circuit voltage, U_{oc}/V	137
短路电流 Short circuit current, I_{sc}/A	1. 15
模组效率 Module efficiency/%	6. 29
功率容差 Power tolerance/W	−0/+4.99
工作温度 Operating temperature/℃	−40~85
最大电压 Maximum voltage	DC 1000V（IEC)/600V（UL)

参 考 文 献

［1］邓桂芳．透析太阳能资源化利用的环保节能新主张［J］.电气工程应用，2015（4）：32-38.

［2］张玉菡．内置波纹流道的太阳能吸热板芯流动传热特性研究［D］.邯郸：河北工程大学，2019.

［3］童维维．新型太阳能 PV/T 集热器光伏/光热性能的理论和实验研究［D］.合肥：安徽建筑大
学，2020.

［4］肖文平，黄钊文，孙韵琳．管式 PV/T 水冷装置的对流传热性能分析与效能实验［J］.热科学与技
术，2017，16（3）：180-186.

［5］肖文平，陈思铭，张立荣，邱守强．基于对流传热分析的 PV/T 优化设计与实验［J］.建筑电气，
2017，36（3）：63-68.

项目 6　太阳能热发电

太阳能热发电也叫聚焦型太阳能热发电（Concentrating Solar Power，CSP）。相比于光伏发电，光热发电通常具有规模大、易与常规发电系统相结合、可调度性好、电能输出稳定、同等条件下占地面积少、可以蓄热并在无日光条件下发电等优点。太阳能热发电系统由集热系统、热传输系统、蓄热与热交换系统、发电系统组成，如图 6-1 所示。

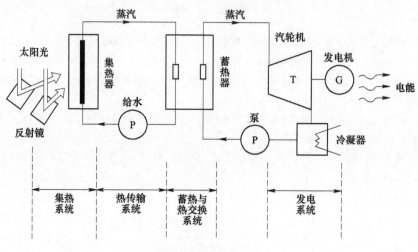

图 6-1　CSP 系统构造

6.1　知识点　太阳能可吸收光谱

太阳每时每刻向宇宙空间辐射能量，包括可见光、不可见光和各种微粒，总称为太阳辐射。太阳光谱是指太阳辐射经色散分光后按波长大小排列的图案。太阳光谱包括无线电波、红外线、可见光、紫外线、X 射线、γ 射线等几个波谱范围，太阳光谱的 99% 以上在波长 0.15~4.0μm，如图 6-2 所示。[1]

不是所有的太阳光都可以被吸收转换，图 6-3 所示为不同类型的太阳能电池的光谱响应曲线。漫射太阳辐照度的平均波长比直射阳光的波长短（更蓝）。（多）晶硅的模块具有较宽的光谱响应（见图 6-3），光谱的影响不是那么大。薄膜非晶硅太阳能电池在短波长处具有窄光谱响应。因此，a-Si 模块在漫射条件下的效率比在晴空条件下更好。然而，在多种类型的薄膜太阳能电池，例如，CIGS 具有广泛的光谱响应，因此它们的效率对辐照度的光谱分布不那么敏感。

光热光谱（Photothermic Spectrum）是指因光热效应生成的热能量按照辐射光波长的分布。光作用于材料并将一部分能量转变为热能的现象称为光热效应。对强度不高的光引起

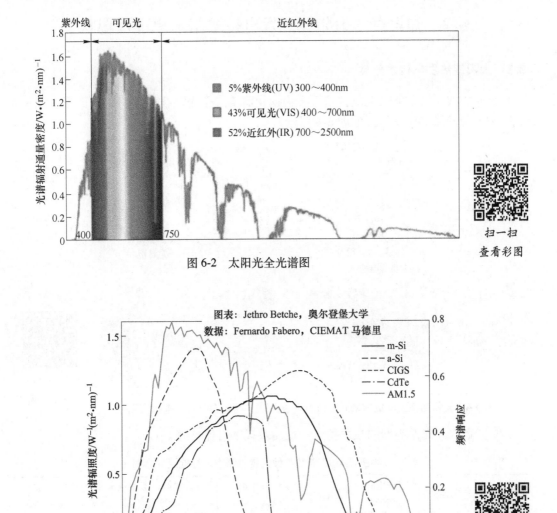

图 6-2　太阳光全光谱图

图 6-3　太阳能电池光谱响应曲线图
（图片来源于网络）

的光热效应，经典理论和量子理论均可给出圆满的解释。材料中的热能是不容易保存的，吸光后的高温材料总是通过自身热辐射的形式将热能耗散给更为低温的周围环境。通过调控材料表面光谱吸收性能，可以既有效地吸收太阳光能量，又抑制自身的热辐射能量损耗，从而最大化利用太阳能光热转换，这种表面光学能源材料叫作选择性吸收膜（Spectrally Selective Absorber，SSA）。自 20 世纪中旬由以色列科学家提出以来，SSA 不断发展至今，已广泛应用于太阳能热利用、热光伏、热电等领域。[2]

6.2　知识点　太阳能热发电技术基本原理及现状

6.2.1　太阳能热发电技术分类

按聚光方式，太阳能热发电技术可分为抛物面槽式聚光、线性菲涅尔式聚光、抛物面碟式聚光、集热塔式聚光等，如图6-4所示。

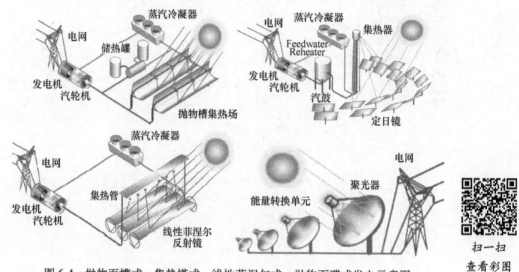

图6-4　抛物面槽式、集热塔式、线性菲涅尔式、抛物面碟式发电示意图

4种主流CSP电站类型的技术特点、性能及成本对比见表6-1。

表6-1　4种主流CSP电站类型的技术特点、性能及成本对比

技术类型	聚光器效率	年度光电转化效率/%	占地面积	发电用水量/L·(MW·h)⁻¹	建设成本/$·W⁻¹	发电成本/$·(kW·h)⁻¹	技术/成本改进潜力
抛物面槽式	中	14~16	大	3000（或干式）	3.6（6h储能）	0.15~0.26	有限
集热塔式	中	17~20	中	3000（或干式）	3.4（不含储能）	0.08~0.16	非常高
线性菲涅尔式	低	8~10	中	2000（或干式）	5.4（不含储能）	0.28（est.）	高
抛物面碟式	高	19~25	小	0	4.5（不含储能）	0.25	量产降成本

4种CSP技术路线的比较见表6-2[3]。

表6-2　4种CSP技术路线比较

类　型	优　势	劣　势
抛物面槽式	技术最成熟、应用最广泛、当前造价最低、特许权项目	造价下降空间小、效率提升空间小
线性菲涅尔式	技术成熟、小规模系统造价低	大规模造价高、工作效率低

类 型	优 势	劣 势
集热塔式	改进提升空间大	技术成熟度一般、存在集热器爆管、跟踪精度低和成本高等技术问题
抛物面碟式	模块化、效率高	成本较高、核心部件斯特林发动机制造门槛高

6.2.2 市场预测

（1）2010—2050年全球CSP发电量趋势展望（TW·h/a）如图6-5所示。

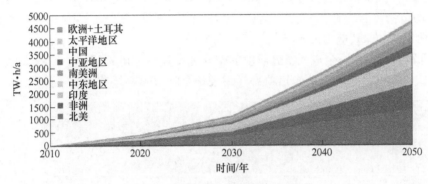

图6-5 全球CSP发电量趋势展望

（来源：IEA，国金证券研究所）

（2）2010—2050年全球CSP电站累计装机容量预测（单位：GW）如图6-6所示。

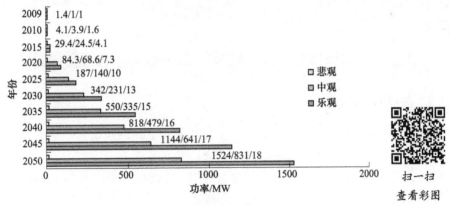

图6-6 全球CSP累计装机容量预测

（来源：Green Peace，SolarPACES，国金证券研究所）

目前全球运行中的CSP电站装机规模合计已达822MW，建设中的有915MW，槽式系统均以90%以上的比例占绝对主导地位；而在合计装机规模高达12.5GW的规划项目中，槽式、塔式、碟式系统则呈现三足鼎立的局面。

（3）发展趋势。

以目前的技术水平，单座槽式或塔式CSP电站的经济装机规模在100~250MW，这一规模已经相当于一台中型火电机组的输出功率，随着技术的进步，未来单座 CSP 电站的装机规模仍有望继续增长。有望真正替代火电：CSP 电站的光热发电特性使以热量的形式进行储能成为可能。以大规模的融盐储能装置，配合一定比例的后备化石燃料供应，形成所谓的混合动力 CSP 电站，将是未来大型 CSP 电站的发展趋势。这样的配置使 CSP 电站能够实现 24h 持续供电和输出功率高度可调节的特性，使其具备了作为基础支撑电源与传统火电厂竞争的潜力。

预计未来 10 年内，技术相对最成熟的槽式系统的建设成本仍有望有一定程度的下降，而其他技术类型的成本下降空间则更大。提高单座电站的装机规模、相关部件大批量生产以及提高系统工作温度以改善发电效率，将是 CSP 电站降低建造和发电成本的主要途径。长期来看，随着 CSP 电站成本的逐步降低，而火电成本则将因化石能源价格的升高和碳排放税的征收而走高，CSP 电力的价格优势将逐渐显现。

图 6-7 所示为我国第一个进入实施阶段的槽式太阳能热发电项目（中广核太阳能德令哈 50MW 槽式电站项目）和塔式光热项目（中控德令哈 10MW 塔式示范项目）。

扫一扫
查看彩图

图 6-7　我国第一个槽式和塔式光热电站项目
（来源：中国光热联盟）

6.3　知识点　槽式太阳能热发电关键技术

6.3.1　槽式热发电系统构造

槽式系统构造如图 6-8 所示，一个通常的槽式太阳能热电站主要系统包括集热系统、导热油系统、蒸汽发生系统、储热系统、常规发电系统。

一个实用的兆瓦级电站，还需要增加一些辅助部件，图 6-9 所示为一个 2.7MW 电站的系统构造图，为了兼顾可靠性、效率与成本，一些保护措施与余热利用设施必不可少。

图 6-10 所示为我国在青海德令哈所建光热电站实景。

以下详细分析各子系统的核心部件与原理。

（1）集热系统（见图 6-11）。主要是槽式太阳能集热器，包括真空集热管（见图 6-12）、聚光镜、聚光镜支架（见图 6-13）、跟踪控制装置等。聚光镜是抛物镜面，为了增强反射效果，采用了图 6-12 所示的多层结构。

管道之间的联结比较复杂，除了固定联结，还要考虑一定的可动性，图 6-14 所示是在管道上使用的球形连接器。

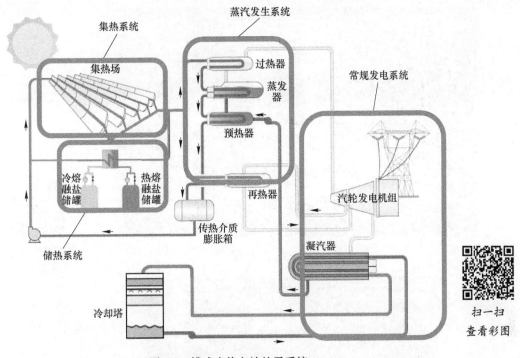

图 6-8 槽式光热电站的子系统
（导热油用来做传热介质，贯穿在系统的各部分，所以在图上没有标示）

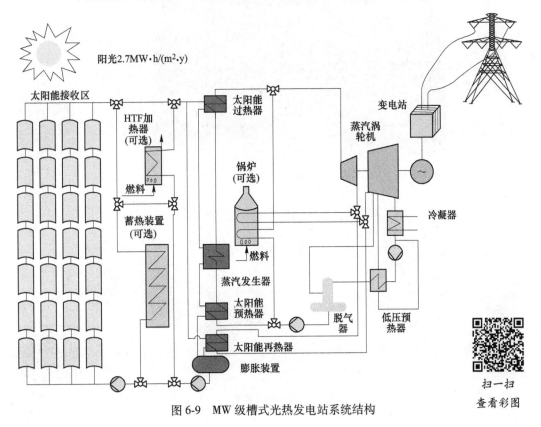

图 6-9 MW 级槽式光热发电站系统结构

图 6-10　槽式发电系统场景

图 6-11　槽式集热装置

图 6-12　真空集热管和反射镜

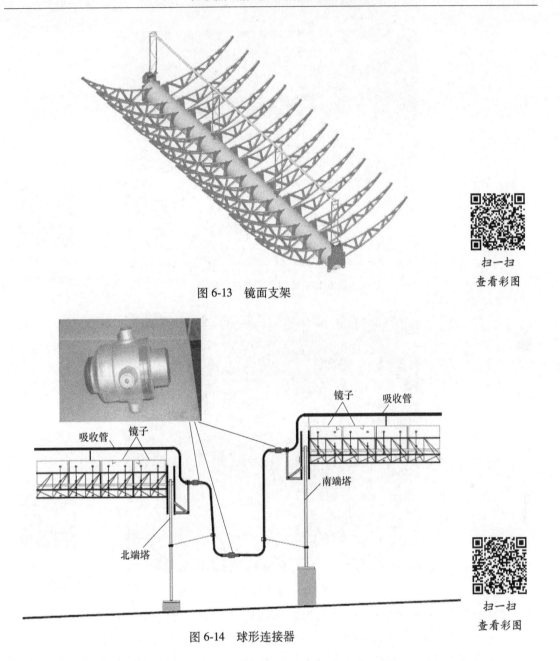

图 6-13 镜面支架

扫一扫
查看彩图

图 6-14 球形连接器

扫一扫
查看彩图

（2）导热油系统。常用的传热介质为联苯与联苯醚混合的导热油，其使用温度范围为15~400℃，在较高温度运行时极易被空气氧化。导热油系统采用图 6-15 特殊的结构设计，以实现充分换热和防止过温结碳。

（3）蒸汽发生系统（见图 6-16）。蒸汽发生装置采用管式换热器、预热器、蒸发器、过热器和再热器。

（4）热储能系统。图 6-17 所示为储能系统。太阳辐射强度具有不稳定性和间断性的特点，为弥补这一不足，热储能是解决问题的关键一环。对于太阳能热发电，热储能可调节负

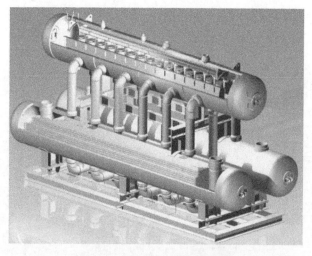

扫一扫
查看彩图

图 6-15　传热介质与热交换器

扫一扫
查看彩图

图 6-16　蒸汽发生系统

荷，提高太阳能资源利用效率和设备利用率，提高太阳能热力发电系统的可靠性和经济性。

（5）常规发电系统。槽式太阳能热发电汽机较常规火力发电汽机不同，具有一定的特殊性；中温高压参数——380℃，10MPa；采用高低压双缸结构；可以满足太阳能电站频繁启停要求，提高汽轮发电机组效率至 40% 左右，也可以长期部分负荷运行（最低 10% 负荷）。

6.3.2　带 7h 储热容量的 50MW 槽式 CSP 电站的建设成本结构

图 6-18 所示为槽式光热电站的成本构成，包括从项目设计到电站施工验收等各个环节的支出，包括光热设备、发电设备、电站配套设施、导热油、电网接入等方面的投入，在所有成本中，集热场和工人工资方面的支出占用了很大的比例。反光镜、接收器、储热储能装置和包括涡轮机所在的发电机组占到了整个电站建设的 50% 以上。

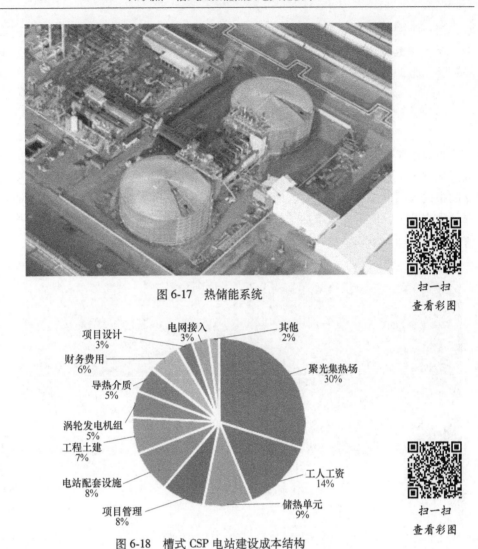

图 6-17 热储能系统

扫一扫
查看彩图

图 6-18 槽式 CSP 电站建设成本结构

（图片来源于网络）

扫一扫
查看彩图

6.3.3 抛物面槽式 CSP 电站成本下降路径

CSP 的成本下降途径主要是规模化生产和提高能量转化效率。研究表明，如图 6-19 所

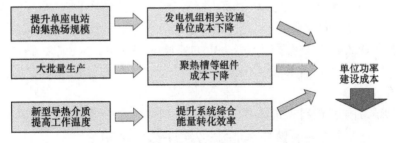

图 6-19 抛物面槽式 CSP 电站成本下降路径

（来源：国金证券研究所）

示，当一座槽式 CSP 电站的规模从 50MW 提高到 100MW 时，其单位功率的建造成本将下降 12%；提高到 200MW 时则能有 20%的下降。电站的规模每增加一倍，与发电机组、电站配套设施、电网接入相关的单位功率投资将能下降 20%~25%。

6.4　知识点　塔式聚热发电关键技术

目前世界上较大的太阳能塔式电站功率已达到 10MW，塔式电站如图 6-20 所示，太阳辐射通过多个反射镜聚集到放置在高塔顶的中心吸收器上。计算机控制每块反射镜都能独立的根据太阳的位置来调整各自的方位和倾角，这保障了每块反射镜都能随时把太阳能反射到吸收器上，但这无疑增加了成本。塔式电站的致命缺点是太阳能电站规模越大，反射镜阵列占的面积越大，吸收塔的高度越要提升。

图 6-20　塔式聚热发电站

（图片来源：Books 意科技空间）

扫一扫
查看彩图

例如，一个计划中的 1MW 的塔式电站要用 2.93 万块反射镜，单镜面积为 30m²。这些反射镜布置在 3km² 的场地上，塔的高度为 305m。塔式聚热发电厂由定日镜场、中心接收塔、热储能系统、蒸汽发生系统和常规汽轮发电机组组成。[3,4]

首航高科敦煌 100MW 熔盐塔式光热电站于 2018 年 12 月 28 日并网发电，镜场光反射面积 140 万平方米，储热时长达 11h，吸热塔高 260m。电站设计年发电量 3.9 亿千瓦时，与火力发电相比减排二氧化碳 35 万吨，相当于 1 万亩森林的环保效益。电站并网两年多来，整体运行日趋成熟，发电量以 50%以上的速度逐年递增。据了解，该电站 2019 年的发电量是 8000 多万千瓦时，2020 年的发电量是 1.3 亿多千瓦时，2021 年底的目标值是 2 亿千瓦时的发电量。

图 6-21 所示的定日镜用于跟踪并反射太阳辐射进入位于接收塔顶部的集热器内，是塔式太阳能热发电站的主要装置之一。

图 6-22 所示的集热器位于中央高塔顶部，是塔式电站中光——热转换的关键部件。其制造难度大，材料要求耐高温。

扫一扫
查看彩图

图 6-21 定日镜

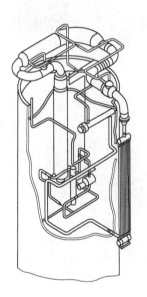

扫一扫
查看彩图

图 6-22 集热器

6.5 知识点 线性菲涅尔式聚光系统

该系统利用众多平放的单轴转动的反射镜自动跟踪太阳，将太阳光反射聚集到平行于镜场高处的集热器内。集热器吸收太阳光将光能转化为热能，从而加热器水直接产生蒸汽，推动汽轮发电机发电。发电原理和实物分别如图 6-23 和图 6-24 所示。

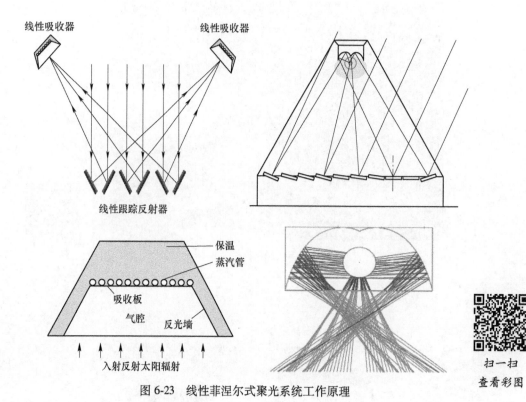

图6-23　线性菲涅尔式聚光系统工作原理

扫一扫
查看彩图

(a)

(b)

扫一扫
查看彩图

图 6-24 线性菲涅尔式聚光系统
（a）槽式；（b）碟式

6.6 知识点 碟式太阳能热发电系统

碟式太阳能热发电系统如图 6-25 所示，是利用旋转碟形反射镜将入射阳光聚集在焦点处的集热器加热工质，驱动发电机组发电。整个系统包括旋转抛物面反射镜（聚光器）、接收受热器、跟踪装置和发电装置。

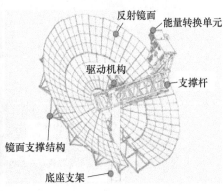

(a)

（b）

图 6-25　碟式热发电系统

（a）单机；（b）阵列

　　碟式系统的缺点是结构比较复杂，建立一个 100MW 的碟状抛物镜集热器分散布置的太阳能电站，约需要 10000～20000 个直径为 6m 的抛物镜。

　　美国 SETC 公司开发了具有长时间储热功能的 CENICOM 新型碟式太阳能发电系统，并在天津的合资工厂彩熙太阳能环保公司内建成了一个 146kW 示范模块装置，其主要构造如图 6-26 所示。

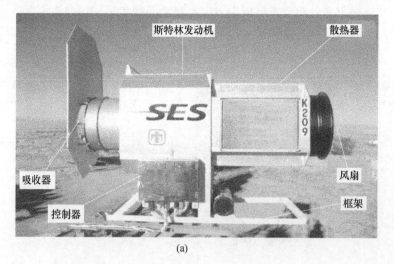

（a）

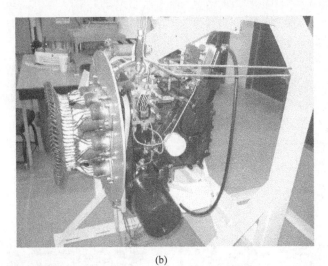

(b)

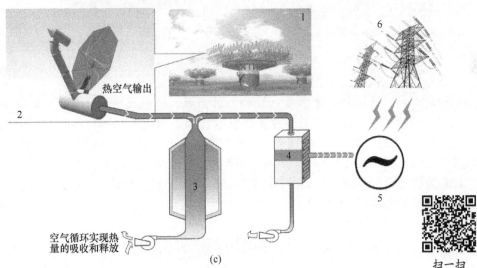

热空气输出

空气循环实现热量的吸收和释放

(c)

图 6-26　SETC 公司 CENICOM 斯特林发动机与发电系统

（来源：中国能源网）

（a）系统结构；（b）吸收器部件；（c）工作原理解析

1—太阳能发电塔；2—单碟收集系统；3—蓄热器；4—蒸汽发生器；5—发电机组；6—电网

　　根据 CSPPLAZA 光热发电网资料，图 6-27 所示的 Heliofocus 公司的碟式光热发电系统拥有很好的模块化结构，主要包括聚光碟、接收器以及热力管路。每个碟的面积大约 500m^2，把太阳能反射到一个能产生高温空气的腔式接收器上，随后将高温空气传至一个中央热交换器中以产生蒸汽，蒸汽被送入蒸汽管道驱动发电机发电。其聚光温度高达 1000℃，可取得 70％以上的热效率，这使得系统总效率可达 25％。Heliofocus 技术运行成本低，镜面清洁用水量很少。其双轴跟踪系统提高了电力输出的稳定性，同时，还设置了一个中间热能容器，以补偿太阳能光照资源的波动。[5]

　　从技术上看，碟式发电具有一定的优势。塔式技术前期单位投资过大且降低造价很难。槽式聚焦系统在发电过程需要大量用水，而且聚光比小、系统工作温度低、核心部件真空管技术尚未成熟、吸收管表面选择性涂层性能不稳定、运行成本高等，其真空玻璃的

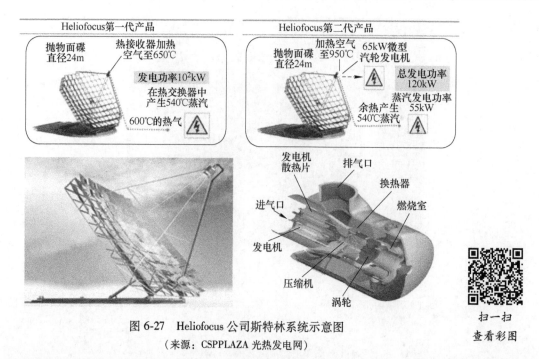

图 6-27　Heliofocus 公司斯特林系统示意图

（来源：CSPPLAZA 光热发电网）

集热管损坏率高，其使用的导热油 1t 动辄三四万元，价格昂贵。这些都是阻碍槽式太阳能发电推广的原因。碟式技术是三种光热发电技术中转化率最高、吸引技术研发投入最大、商业化前景最好的光热发电技术。相比前两种技术，碟式技术优势比较明显：一是用水量少，发电 1kW·h 只需 1.4L 水；二是能适应日照时间长的沙漠和戈壁地区，这与我国太阳能资源储量分布相匹配；三是热效率最高；四是其结构紧凑、安装方便，非常适合分布式小规模能源系统。

6.7　知识点　斯特林发动机的工作原理

斯特林发动机是一种由外部供热使气体在不同温度下作周期性压缩和膨胀的封闭往复式发动机。它由苏格兰牧师斯特林提出。斯特林热机是一种高效率的能量转换装置，相对于内燃机燃料在气缸内燃烧的特点，斯特林热机仅采用外部热源，工作气体不直接参与燃烧，因此又被称为外燃机。只要外部热源温度足够高，无论是使用太阳能、废热、核原料、生物能等在内的任何热源，都可使斯特林热机运转，既安全又清洁，故人们对其在能源工程技术领域的研究兴趣日益增加，极有可能成为未来动力的来源之一。[6]

斯特林热机采用封闭气体进行循环，工作气体可以是空气、氮气、氦气等。如图 6-28 所示，在热机封闭的气缸内充有一定容积的工作气体。汽缸一端为热腔，另一端为冷腔。置换器活塞推动工作气体在两端之间来回运动，气体在低温冷腔中被压缩，然后流到高温热腔中迅速加热，膨胀做功。如此循环不休，将热能转化为机械能，对外做功。

理论上，斯特林热机的热效率很高，其效率接近理论最大效率，由两个等温过程和两个等容过程构成，工作过程示意如图 6-29（a）所示。斯特林热机属于可逆热机，既可用于制热，又可用于制冷；既可将热能转化为机械能，又可将机械能转化为热能。如果用于制冷，则图 6-29（b）中的四个热力学循环将沿逆时针方向进行。

图 6-28 斯特林机实物图

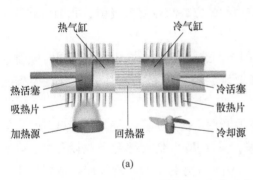

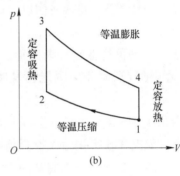

图 6-29 斯特林机工作示意与四个循环过程

(a) 工作示意图；(b) 热力循环

　　仪器上方的椭圆弹片对动力活塞起到弹性恢复力的作用。配气活塞下方汽缸是热腔，配气活塞上方汽缸是冷腔。底部的十字弹片起到驱动配气活塞的作用。配气活塞在这里起到移气和再生的作用。配气活塞的直径比气缸的内径小些，当配气活塞自由上下移动时，即可以把气缸内的气体工质挤下或挤上。如果气缸底端加热，而在气缸上端冷却，使上下两端具有足够的温差，即可看见当配气活塞上移，气缸内的气体被挤至气缸底端，此时由于气缸底端加热，因此气体受热，压力变大，此压力经由活塞与气缸间的空隙传到动力活塞，使之上移。相反的，把配气活塞下移，则气缸内的气体被挤至气缸上端，此时由于气缸上端为冷却区，因此气体被冷却，使气体温度降低，压力变小，而使动力活塞下移。如果不断使配气活塞上下移动，即可看见动力活塞随之上下移动。另外，斯特林循环欲达到和卡诺循环相同的热效率，必须将工质等容放热过程所放出的热量，用来提供工质等容吸热升温所需的热量，这个步骤叫作再生，所使用的装置称为再生器。本仪器的微孔配气活塞兼有再生器的作用。

必须注意动力活塞与配气活塞二者相位差是 π/2，因为如果要使输出到曲柄联杆上的平均扭力最大，就要使动力活塞向上移动到中间位置时获得最大的动力，而当配气活塞移到最顶点的位置时，由于底部加热空间最大，所产生的压力最大，动力活塞输出动力也最大，而此时二者相位差是 π/2。[7]

6.8　知识点　碳交易与节能减排

6.8.1　碳中和与碳达峰

碳达峰是指我国承诺 2030 年前，二氧化碳的排放不再增长，达到峰值之后逐步降低；碳中和是指企业、团体或个人测算在一定时间内直接或间接产生的温室气体排放总量，通过植树造林、节能减排等形式，抵消自身产生的二氧化碳排放量，实现二氧化碳"零排放"。

为什么需要碳排放达峰：

气候变化是人类面临的全球性问题，随着各国二氧化碳排放，温室气体猛增，对生命系统形成威胁。在这一背景下，世界各国以全球协约的方式减排温室气体，我国由此提出碳达峰和碳中和目标。

要保证能源安全。我国产业链日渐完善，国产制造加工能力与日俱增，同时碳排放量加速攀升。但我国油气资源相对匮乏，发展低碳经济，重塑能源体系具有重要安全意义。

中国投资协会预测，零碳中国将催生再生资源利用、能效提升、终端消费电气化、零碳发电技术、储能、氢能和数字化七大投资领域，撬动 70 万亿元绿色产业投资机会。到 2050 年，这七大领域当年的市场规模将达到 15 万亿元，并为中国实现零碳排放贡献累计减排量的 80%。[8,9]

6.8.2　槽式热发电的节能减排效益分析

从全生命周期看，一般认为 CSP 的碳排放为 19g/kW·h，相比火力发电的碳排放可以节约 252g/kW·h。以 50MW 槽式太阳能热发电技术为例，若按储热 6h 考虑，项目节能减排效益见表 6-3。

表 6-3　槽式太阳能光热电站减排效益

序　号	项　　目	数　值
1	机组容量/MW	50
2	机组年利用小时数/h	3029
3	年发电量/kW·h·a^{-1}	1.514×10^8

序 号	项 目	数 值
4	折合年节约标煤量/t·a^{-1}	45420
5	折合年减少 CO_2 排放量/t·a^{-1}	118092
6	折合年减少 SO_2 排放量/t·a^{-1}	45
7	折合年减少 NO_2 排放量/t·a^{-1}	45

6.9 实 验 任 务

6.9.1 任务描述

斯特林发动机的实验与观察。

6.9.2 所需工具仪器及设备

（1）斯特林发动机。
（2）酒精、打火机。
（3）LED 及 $1k\Omega$ 电阻。

6.9.3 知识要求

（1）了解斯特林发动机的工作原理。
（2）了解热力循环的初步知识。

6.9.4 技能要求

在掌握斯特林发动机工作过程的基础上，把理论与实际实验过程建立一定的联系，深入对斯特林机的理解。连接 LED 灯驱动电路。

6.9.5 注意事项

（1）防火。
（2）防止烫伤。

6.9.6 任务实施

6.9.6.1 启动斯特林发动机

将灯芯装入酒精灯，加入适量的酒精（瓶内 1/2 位置），然后点火，加热玻璃气缸 1min 之后，拨动飞轮，转轮便缓慢转动起来。

在该装置中有两个活塞。动力活塞：这是发动机上方较小的活塞。它是紧封闭的。当发动机内的气体膨胀时，动力活塞会向上运动。置换器活塞：这是装置中较大的活塞。它在气缸中非常自由，因此随着其上下运动，空气很容易在加热式或冷却式气缸之间流动。置换器活塞通过上下运动来控制是对发动机中的气体进行加热还是冷却。它有两个位置：

当置换器活塞靠近大气缸的上方时，发动机内的大部分气体由热源加热，然后开始膨胀。
发动机内产生的压力会强制动力活塞向上运动。当置换器活塞靠近大气缸的底部时，发动
机内的大部分气体开始冷却收缩。这会导致压力下降，从而使动力活塞向下运动，对气体
进行压缩。发动机会反复对气体进行加热和冷却，以便从气体的膨胀和收缩中吸取能量。

6.9.6.2　观察斯特林机的具体工作过程

一个装有两个对置活塞的气缸，在两个活塞之间设置一个回热器。可以把回热器设想
成一块交替放热和吸热的热力海绵。回热器和活塞之间形成了两个空间。一个称为膨胀
腔，使它保持高温 T_{max}；另一个称为压缩腔，使它保持低温 T_{min}。因此，在回热器两端有
一个温度梯度 $T_{max}-T_{min}$。假设回热器在纵向没有热传导，假设活塞在运动中无摩擦，工作
气体在气缸中无泄漏损失。

循环开始时，设压缩腔活塞处于外止点，膨胀腔活塞处于内止点并紧靠回热器端面。
这样，全部工作气体都处于冷的压缩腔内。因为此时的容积为最大值，所以工作气体的压
力和温度都处于最小值，用图 6-29（b）中的点 1 和图 6-30 中的图（1）表示。

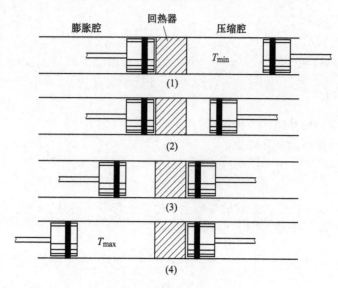

图 6-30　活塞运动示意图

在等温压缩过程 1→2 中，压缩腔活塞向内止点运动，膨胀腔活塞保持不动，工作气
体在压缩腔内被压缩，压力增加。因为热量 Q_c 已经通过压缩腔汽缸壁排放到环境中，故
工作气体的温度保持不变。此过程中，工作物质等温冷却收缩，热量在 T_{min} 温度下从工作
气体传递给外部低温热源。

在定容吸热过程 2→3 中，两个活塞同时运动，压缩活塞继续向回热器运动，而膨胀
活塞远离回热器，因此两活塞间的容积保持不变。工作气体通过回热器从压缩腔转移到膨
胀腔。当工作气体通过回热器时，被回热器中的热量加热，温度从 T_{min} 上升到 T_{max} 后流入
膨胀腔。由于工作气体通过回热器时，是在等容条件下被逐渐提高温度的，结果使压力增
加。此过程中，工作物质等容吸热升温，热量从回热器传递给工作气体。

在等温膨胀过程 3→4 中，膨胀腔活塞继续朝背离回热器的方向，向外止点运动，压

缩腔活塞则停留在内止点并紧靠回热器。在膨胀过程中，容积增大，压力降低。由于从外热源向系统加入热量 Q_E，工作气体温度保持不变。此过程中，工作物质等温吸热膨胀，热量在 T_{max} 温度下从外部热源传递给工作气体。

循环的最后一个过程是定容放热 4→1 过程。在此期间，两活塞同时运动，保持容积不变，使工作气体从膨胀腔通过回热器返回到压缩腔。在通过回热器时，热量从工作气体传给回热器，工作气体温度降低到 T_{min} 并流入压缩腔。工作气体在过程中释放出的热量将保存在回热器内，直到下一个循环中的 2→3 过程，再传递给工作气体。此过程中，工作物质等容冷却降温，热量从工作气体传递给回热器。

总的来说，理想斯特林热机的热力学循环就是[10-12]：

（1）1→2 过程，工作物质等温冷却收缩。热量在 T_{min} 温度下从工作气体传递给外部低温热源。

（2）2→3 过程，工作物质等容吸热升温。热量从回热器传递给工作气体。

（3）3→4 过程，工作物质等温吸热膨胀。热量在 T_{max} 温度下从外部热源传递给工作气体。

（4）4→1 过程，工作物质等容冷却降温。热量从工作气体传递给回热器。

由图 6-29（b）中的 P-V 图可见，经过以上循环过程，发动机会反复对气体进行加热和冷却，以便从气体的膨胀和收缩中吸取热量，产生机械能，对外做功。

如果在过程 2→3 中的传热量与过程 4→1 中的相等，则发动机与其环境之间发生的热交换仅仅是 3→4 过程中的供热和 1→2 过程中的放热。供热和放热都是在等温条件下进行，因此满足了热力学第二定律对最高热效率的要求，所以斯特林循环的热效率与卡诺循环相同，即：

$$\eta = (T_{max} - T_{min})/T_{max} \tag{6-1}$$

6.9.6.3 实验结论及拓展分析：斯特林循环

斯特林发动机具有两个优于内燃机的特点：一是能利用各种能源，无论是常用的液体燃料，还是气体燃料或固体燃料，甚至太阳能、化学反应能和放射性同位素能源，只要是能产生一定温度的热量，该发动机就可以工作；二是振动噪声低，排放污染小，具有良好的环境特性。

斯特林循环的全称为"斯特林热气机理想循环或活塞式热气发动机理想循环"，俗称为"热气机循环"。它是卡诺循环的一种，在热力学理论上认为最完善，是采用定容回热方式的闭式概括性卡诺循环。

另外，斯特林循环胜过卡诺循环的主要优点是用两个等容过程代替两个绝热过程，这就大大增加了 P-V 图的面积，它们的 P-V 图和 T-S 图如图 6-31 所示，1234 表示斯特林循环，1536 表示内燃机循环，由图可知，1234 所构成的平面的面积要远大于 1536 平面的面积。因此，为了取得适当的功，它不需要像卡诺循环那样，必须借助于很大的压力和扫气容积。

实际的斯特林循环发动机，由于存在种种不可逆因素，回热的效率也不可能达到百分之百，即配气活塞储存的热量不能完全回热，所以实际的斯特林发动机热效率不可能达到很高，也必然低于同温限卡诺循环的理论热效率。

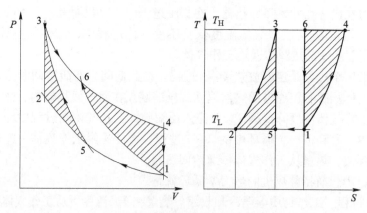

图 6-31　斯特林循环和卡诺循环

由于采用了两个等温过程与两个等容过程，斯特林热机的效率接近于理想卡诺循环，比汽油发动机或柴油发动机等内燃机更高。此外，由于斯特林发动机中使用的是封闭气体和外部热源，没有排放高压气体的排气阀，因此发动机的噪声会很低。[12-14]

6.10　任务汇报及考核

（1）4 种 CSP 发电技术路线分析。

光热发电 4 种方式中，光场部分的成本主要构成是钢结构和反光部件，随着设计的改进，光场部分的造价逐渐趋向一致。4 种 CSP 技术路线在建设成本上的差异包括：_____。

考核：_____不同导致跟踪成本差异。

_____方式不同，如采用导热油、水、熔融盐作为介质，或直接用斯特林发动机，另外，由于发电效率（单位 kW·h）差异造成造价的差异。

（2）参照图 6-32，请说明光热发电与光伏发电相比，其优缺点是什么？

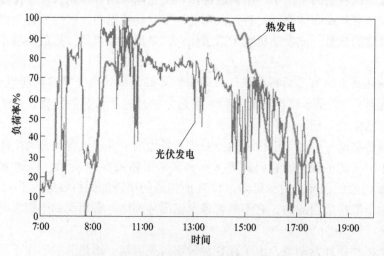

扫一扫
查看彩图

图 6-32　光热发电与光伏发电负荷率比较曲线

1）优点。

考核：[   ]

2）缺点。

考核：[   ]

6.11　思考与提升

（1）4 种主流 CSP 技术路线前景展望。

1）槽式：以熔融盐等新型导热介质替代目前所采用的合成油或许是槽式 CSP 电站在效率上更上一层楼的唯一方式，但低温凝结、管道腐蚀等问题仍然是进行这一技术改造所必须面对的障碍。

2）线性菲涅尔式：改进光学结构的设计或许是线性菲涅尔 CSP 系统进一步提升效率的唯一出路；发挥其结构简单、建造方便的优点，作为分布式电源对一些电力需求不高的偏远地区进行供电或作为化石燃料电厂的"增能"系统也许是适合该类型 CSP 电站的市场定位。

3）塔式：待规模化以后，定日镜等用量较大的组件将有比较大的成本下降空间；另外，由于管道结构相对槽式系统要简单得多，对其进行融盐化导热介质改造的难度也较低。

4）碟式：从技术的角度看，抛物面碟式 CSP 系统优势明显，高效率和模块化部署的特点使该技术有足够的理由被看好，实现大规模生产后，如果零部件供应链的配套能够及时跟上，成本也有明显的下降空间。同时斯特林发动机并非抛物面碟式 CSP 系统唯一的能量转换解决方案，目前有些碟式系统开发商也正研究采用微型蒸汽轮机作为热电转换单元，同样能够发挥碟式系统高聚光效率的优势。模块化部署能力是除碟式系统外的另三种技术路线所不具备的，因此碟式 CSP 系统是唯一具有"大小通吃"能力的 CSP 技术，然而由于其本身没有任何储热能力，因此百兆瓦级大型电站的运行效率和经济性仍有待观察。

你个人认为哪种方式的技术前景相对较好，简要说明原因。

考核：[   ]

（2）尝试使用 TRNSYS 等仿真软件对某种类型的光热发电系统进行仿真。

请画出仿真系统构造简图。

_____

_____

_____

_____

考核：[   ]

6.12　练习巩固

（1）名词解释：菲涅尔透镜、朗肯循环、卡诺循环。

（2）填空题。

1）太阳能热发电系统由 _____、_____、_____、_____、_____组成；

2）抛物线槽的聚光比一般为 10~100，比塔式系统的聚光比低得多。吸收器的散热面积也比较大，因而介质工作温度一般为 100~400℃，属于中温系统。通常采用蒸汽_____循环发电。

3）碟式系统利用抛物线碟式聚光器将太阳能传递给位于其_____处的接收器。碟式聚光器的聚光比可以达到 600~3000，吸热体的温度也高于塔式和槽式，通常是 600~1500℃。

4）_____太阳能热发电技术是目前太阳能热发电中光电转换效率最高的一种。

5）碳排放比较，CSP 约_____g/kW·h 生命周期，火力发电站约 270g/kW·h。

（3）简答题。

1）太阳能热发电技术有哪些类型？

2）太阳光中的红外线能不能被热发电系统应用？

（4）作图题。请尝试设计一种太阳能光热发电的创意，并用简图示意。

参 考 文 献

[1] 尹林成．太阳能与建筑一体化的应用实例 [J]．安装，2012 (6)：57-61．

[2] 梁玉红．聚光光热发电系统的研究与展望 [J]．绿色科技，2012 (6)：284-286．

[3] 董泉润，刘翔．塔式太阳能热力发电技术进展综述 [J]．技术与市场，2017，24 (11)：144．

[4] 郭丽萍．塔式、槽式太阳能光热发电技术方案分析 [J]．机械工程师，2013 (7)：44-46．

[5] 马红丽．光热发电：新能源的新焦点 [J]．经济，2013 (7)：67-71．

[6] 汪海贵．采用天然气的小型斯特林冷热电三联供关键技术研究和应用分析 [D]．哈尔滨：哈尔滨工程大学，2004．

[7] 姜源，徐菁华，赵骞，等．斯特林热机演示教具 [J]．物理实验，2010，30 (6)：39-41．

[8] 王哲．碳达峰碳中和目标下，中国企业将如何行动？[J]．中国报道 (4)：4．

[9] 欧国立，王妍．交通碳减排及碳达峰问题与政策研究 [J]．人民交通，2021，(9)．

[10] 伍赛特．斯特林发动机技术特点及应用研究 [J]．能源与环境，2021 (1)：57-65．

[11] 张营，姜昱祥．斯特林发动机的工作原理及应用前景 [J]．科技视界，2013 (31)：103-131．

[12] 陈挑挑．主动式自由活塞斯特林发动机设计与性能试验研究 [D]．镇江：江苏大学，2019．

[13] 阳涛，张应，曾杰．α 型太阳能斯特林发动机模型设计 [J]．科技致富向导，2014 (3)：259-260．

[14] 朱榜荣．斯特林机的优化设计及仿真研究 [D]．北京：华北电力大学，2008．

项目 7 太阳能制冷

太阳能是公认的未来人类合适、安全、绿色、理想的替代能源之一，具有取用方便、能量巨大、无污染、安全性好等优点。建筑耗能量超过全国总耗能量的 1/4 以上，且有继续上升的趋势。其中，住宅和公共建筑的空调在全部建筑耗能中占有很大的比重。利用太阳能驱动空调系统一方面可以大大减少不可再生能源及电力资源消耗，另一方面因较低的耗电减少了因燃烧煤等常规燃料发电带来的环境污染问题，太阳能用于空调制冷，最大的优点是季节匹配性好，天气越热、越需要制冷的时候，系统制冷量越大。

太阳能制冷主要有光伏和光热两种形式，光伏转换是先由光伏发电，然后由发出来的电能驱动制冷装置制冷；太阳能光热转换制冷是将太阳能转换成热能，再利用热能驱动制冷机制冷，太阳能光热制冷主要有吸收式制冷、吸附式制冷系统和喷射式制冷三种形式。其中，目前技术上最成熟、商业化应用最多的是太阳能吸收式制冷。[1,2]

7.1 知识点 制冷的基本概念及分类

7.1.1 制冷、制冷过程、人工制冷概念

制冷就是使某一系统的温度低于周围环境空间介质的温度并维持这个低温。此处所说的系统可以是空间或者物体；而此处所说的环境介质可以是自然界的空气或者水。

制冷过程是指从被冷却系统取出热量并转移热量的过程。

人工制冷过程是指在外界的补偿下将低温物体的热量向高温物体传送的过程。

7.1.2 制冷类型

热量从高温向低温传递是自发的，反之，则需要补偿措施。制冷装置的设计是需要智慧与技巧的，自从制冷用的电冰箱和空调发明以来，人们在不断地探索和完善制冷的方法，制冷过程以使用的补偿方式的不同可分为两大类。

（1）消耗热能。用热量实现制冷剂的浓度或者是压强发生变化，从而创造制冷剂的蒸发条件，通过蒸发吸热来实现将低温物体的热量传送到高温物体的过程。

（2）消耗机械能。通过机械做功来提高制冷剂的压力和温度，高压产生高温，使制冷剂将从低温物体吸取的热量连同机械能转换成的热量一同排到环境介质中，然后再创造排热后制冷剂的蒸发条件，完成热量从低温物体传向高温物体的过程。

7.2　知识点　太阳能吸收式制冷

7.2.1　制冷工质

吸收式制冷是利用两种物质所组成的二元溶液作为工质来运行的，利用工质对质量分数变化即浓度的变化来完成制冷剂的循环。这两种工质在同一压强下有不同的沸点，其中高沸点的组分称为吸收剂，低沸点通常用来蒸发吸热，因而低沸点的组分用作制冷剂。

常用的吸收剂—制冷剂组合有两种：一种是溴化锂—水，通常适用于 10kW 以上的大中型中央空调，用于商场、写字楼、工厂等场所；另一种是水—氨，通常适用于小型家用空调，功率在 10kW 以下。

溴化锂—水溶液是目前空调用吸收式制冷机采用的工质对。

7.2.1.1　溴化锂的性质

无水溴化锂是无色粒状结晶物，性质和食盐相似，化学稳定性好，沸点很高，极难挥发，极易溶解于水。此外，溴化锂无毒、无臭、有咸苦味，对皮肤无刺激。它的密度比水大，并随溶液的浓度和温度而变化。

7.2.1.2　溴化锂水溶液的性质

溴化锂—水溶液的沸点与压力、溶液浓度有关，在相同温度条件下，溴化锂溶液浓度越大，其吸收水分的能力就越强。

它的比热容较小。在 55% 浓度，150℃温度时的比热容约为 2kJ/（kg·K），这就表示其在制冷发生过程中加给溶液的热量比较少。制冷过程的热力携带主要依靠水，而水的蒸发潜热比较大，总体上使由于溴化锂吸收剂造成的热量损失减少，提高了机组的热力系数。[3]

7.2.2　通用吸收式制冷构造

如图 7-1 所示，吸收式制冷机的主要部件有发生器、吸收器、冷凝器、蒸发器和节流阀（膨胀阀）等。各主要部件的功能如下所述。

发生器：吸收式制冷机中，通过加热析出制冷剂的设备。这是热能的注入端，可以用太阳能，也可以用其他的低品位热源。发生器中，通过加热过程使吸收剂溶液的浓度提高。图 7-1 中由 1 至 2 和 5，1 是制冷剂与吸收剂的混合低浓度溶液，通过加热后，将制冷剂蒸汽 5 与吸收剂溶液 2 分离，2 的浓度比 1 时显著提高。

吸收器：吸收式制冷机中，通过浓溶液吸收剂在其中喷雾以吸收来自蒸发器的制冷剂蒸汽的设备。在吸收器中，高浓度的吸收剂溶液不停地吸收 8，即来自蒸发器的制冷剂蒸汽，通过吸收，8 溶解到 3 中，使溶液的浓度降低。

冷凝器：由发生器产生的高温制冷剂蒸汽，在冷凝器中放热冷却，由气态变为液态的制冷剂液体 6，6 经膨胀阀调压调流后变成 7，冷凝器实现了热量转移，使高压、高温制冷剂蒸汽能向高温环境自由放热。

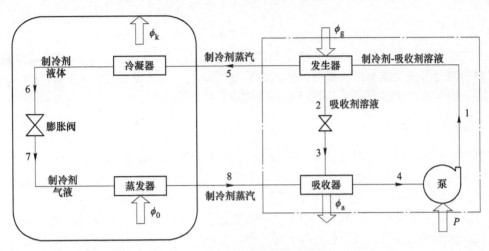

图 7-1　吸收式制冷机组成框图

蒸发器：气液混合的制冷剂，在蒸发器中蒸发，由液态转变为气态吸热，从而获得制冷效果，由于吸收剂的吸收效应，蒸发器中的压力极低，使低压制冷剂液体在较低环境温度下吸收热量蒸发为气体，从而获得制冷效果。

7.2.3　吸收式制冷工作原理

图 7-2 可进一步说明吸收式制冷的工作原理，吸收式制冷过程主要分为两个核心回路：制冷剂回路和吸收剂回路，各自形成循环通路。制冷剂回路主要由冷凝器、节流装置、蒸发器等组成。吸收剂回路主要由吸收器、发生器、溶液泵等组成。

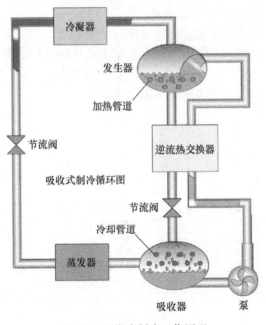

扫一扫

查看彩图

图 7-2　吸收式制冷工作原理

7.2.3.1　制冷剂循环

在发生器中被加热以后，高压气态制冷剂在冷凝器中被冷却，放热后被凝结为液态，液态制冷剂经节流装置减压降温进入蒸发器；在极低气压的蒸发器内，该液体被气化为低压气态，同时吸收被冷却介质热量产生制冷效应。

7.2.3.2　吸收剂循环

以吸收器为起点，在吸收器中，吸收剂不断地吸收在蒸发器中产生的低压气态制冷剂，因为吸收效应，成功维持住了蒸发器内的低气压。吸收了制冷剂的溶液浓度变低，这些低浓度的混合溶液经由泵推动到发生器，在发生器中该溶液被加热、沸腾，其中沸点低的制冷剂气化形成高压气态制冷剂，进入冷凝器液化，而剩下的高浓度吸收剂溶液则通过节流阀返流到吸收器再次吸收低压气态制冷剂。

两个循环周而复始，不断地在冷凝器中放出热量，在蒸发器中吸收热量。宏观上，我们可以把这个吸收式制冷机看作是一个在发生器驱动下的热量抽取装置，把热量由室内蒸发器抽取到冷凝器，排到室外。同样的，我们把发生器消耗的热量与抽取的热量的比值称为 COP。[4,5]

7.2.4　太阳能吸收式制冷的工作原理

太阳能吸收式制冷是利用太阳集热器将水加热，为吸收式制冷机的发生器提供其所需要的热媒水，从而使吸收式制冷机正常运行，达到制冷的目的。

太阳能吸收式空调系统主要由太阳集热器、吸收式制冷机、空调箱（或风机盘管）、锅炉、储水箱和自动控制系统等组成。

太阳能集热器包括采用真空管太阳集热器和平板型太阳集热器。前者可提供较高热媒水温度，而后者只能提供较低热媒水温度。热媒水的温度越高，制冷机的性能系数（COP）就越高，空调系统制冷效率就越高。

吸收式制冷机产生的冷媒水通过储冷水箱送往空调箱（或风机盘管）内蒸发、吸热，以达到制冷空调的目的，之后冷媒水经储冷水箱返回吸收式制冷机。

在夏季，如图 7-3 所示，被太阳能集热器加热的热水首先进入储热水箱，当热水温度达到一定值时，由储水箱向吸收式制冷机提供热媒水。

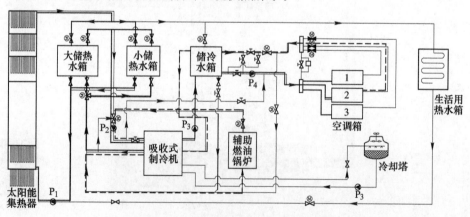

图 7-3　太阳能吸收式制冷夏季工作模式

在冬季，如图7-4所示，同样先将太阳能集热器加热的热水进入储水箱，当热水温度达到一定值时，由储水箱直接向空调箱（或风机盘管）提供热水，以达到供热采暖的目的。

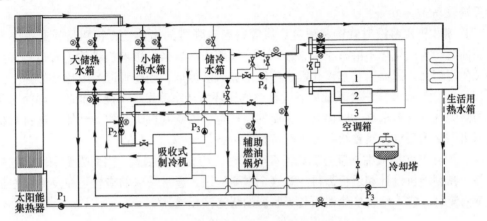

图7-4　太阳能吸收式制冷冬季工作模式

在非空调采暖季节，只要将太阳能集热器加热的热水直接通向生活用储水箱中的热交换器，就可将储水箱中的冷水逐渐加热以供使用。

太阳能溴化锂吸收式制冷系统具有夏季制冷、冬季采暖、全年提供生活热水等多项功能，在世界各国应用较为广泛。日本不仅生产大型溴化锂吸收式制冷机，而且还商品化生产多种规格的小型溴化锂吸收式制冷机，有制冷功率为4.6~174kW的系列产品。

7.2.5　太阳能吸收式制冷的优缺点

7.2.5.1　太阳能吸收式空调系统的优点

（1）能源匹配度高、季节适应性好。夏秋季节，太阳光照强时，人们对制冷的需求量大，此时太阳能空调系统的制冷能力随太阳辐射强度增加而增大的，实现了能源的匹配，不会像传统空调一样，产生用电高峰，造成季节性能耗矛盾，增大电网负荷。

（2）环保性好，无污染。传统压缩式制冷机的氟利昂等制冷剂对环境会产生影响，特别是会破坏臭氧层；而吸收式制冷机以溴化锂为介质，无臭、无毒、无害，十分有利于环境保护。吸收式制冷使用的太阳能也不会产生碳排放，是真正的环境友好型制冷方式。

（3）环境温度适应性好，对外界条件变化的包容性强，对低品位热源的使用有利，可在一定的热媒水进口温度、冷媒水出口温度和冷却水温度范围内稳定运转。

（4）噪声污染小。压缩式制冷机的主要部件是压缩机和外机风扇，有一定噪声；而吸收式制冷机除功率很小的屏蔽泵外，无其他运动部件，噪声低。制冷机在近真空状态下运行，无高压爆炸危险，安全可靠。

（5）制冷制热功能兼备，四季可用。太阳能吸收式空调系统可实现夏季制冷、冬季采暖和其他季节提供热水3种功能，做到一机多用、四季常用。

7.2.5.2　太阳能吸收式制冷的缺点和局限性

（1）太阳能集热器和吸收机价格较高，吸收机结构复杂，循环管路多，成本高，因而初始投资较高。

（2）溴化锂水溶液对紫铜和黑色金属等材料有强烈的腐蚀性，特别是暴露在空气中时，腐蚀后产生的气体不溶解于水，影响制冷管路内的压强，影响机组的正常运行、降低效率和使用寿命。因而需要在溴化锂水溶液中加入缓蚀剂，制冷管道要用特殊材料。

（3）溴化锂吸收式制冷系统依靠近真空低压环境让水蒸发，不能有泄漏，因而对系统整个通路的气密性要求高，即使漏入微量的空气也会影响到机组工作的性能，这就对机组制造提出严格的要求，需要给制冷机配备抽气设备。

（4）溴化锂水溶液在浓度过高或温度过低时，均易形成结晶，因而需要采取措施来防止结晶，在制冷机设计和运行都得注意这个重要问题。通常采取的措施是在发生器中加装浓溶液溢流管，它不经过换热器而与吸收器的稀溶液相通。[6]

7.3　知识点　太阳能蒸汽压缩式制冷系统

太阳能蒸汽压缩式制冷系统主要由太阳集热器、蒸汽轮机和蒸汽压缩式制冷机等组成，如图 7-5 所示，它们分别依照太阳能集热器循环、热机循环和蒸汽压缩式制冷机循环的规律运行。

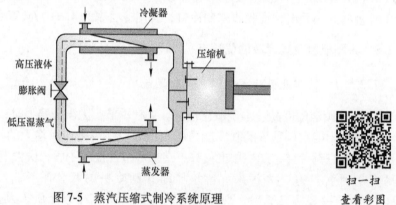

图 7-5　蒸汽压缩式制冷系统原理

扫一扫
查看彩图

太阳集热器循环由太阳集热器、汽液分离器、锅炉、预热器等组成；热机循环由蒸汽轮机、热交换器、冷凝器、泵等组成；蒸汽压缩式制冷循环如图 7-6 所示，由制冷压缩机、蒸发器、冷凝器、膨胀阀等组成。

在太阳集热器循环中，如图 7-7 所示，水或其他工质被太阳能集热器加热至高温状态，先后通过汽液分离器、锅炉、预热器，分别几次放热，温度逐步降低，最后又进入太阳集热器再进行加热。如此周而复始，使太阳能集热器成为热机循环的热源。

在图 7-8 所示的热机循环中，低沸点工质由汽液分离器出来时，压力和温度升高，成为高压蒸汽，推动蒸汽轮机旋转而对外做功，然后进入热交换器被冷却，再通过冷凝器而被冷凝成液体。该液态的低沸点工质又先后通过预热器、锅炉、气液分离器，再次被加热成高压蒸汽。

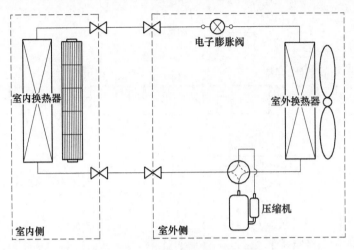

图 7-6 制冷循环系统结构示意图

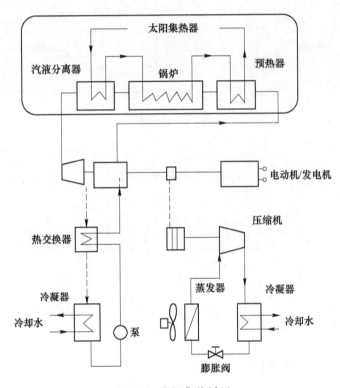

图 7-7 太阳集热循环

由此可见，热机循环是一个消耗热能而对外做功的过程。

在图 7-9 所示的蒸汽压缩式制冷循环中，蒸汽轮机的旋转带动了制冷压缩机的运行，然后再经过上述蒸汽压缩式制冷机中的压缩、冷凝、节流和汽化等过程，完成制冷机循环。

在蒸发器外侧流过的空气被蒸发器吸收其热量，从较热的空气变为较冷的空气，将这较冷的空气送入房间内而达到降温空调的效果。

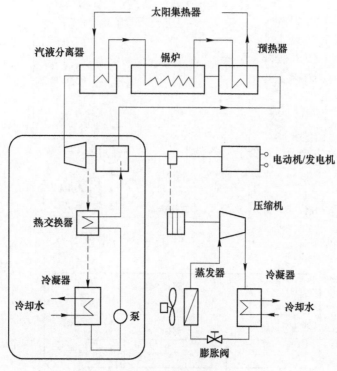

图 7-8　热机循环

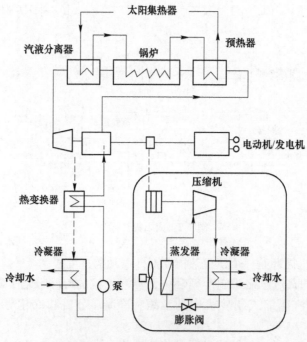

图 7-9　蒸汽压缩制冷循环

7.4　知识点　半导体制冷原理

半导体制冷又称为温差电制冷或热电制冷。具有热电能量转换特性的材料，在通过直流电时有制冷功能，因此而得名热电制冷。

7.4.1　热电效应

总的热电效应由同时发生的五种不同的效应组成，它们是赛贝克效应、珀尔帖效应、汤姆逊效应、焦耳效应和傅里叶效应。

7.4.1.1　赛贝克效应

在两种不同导体构成的回路中，如果两个接头处的温度不同，回路中有电动势存在，这种电动势就称为赛贝克电动势或温差电动势（见图 7-10）。

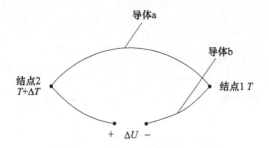

图 7-10　赛贝克效应示意图

在图 7-10 中，ΔU 是温差电动势，它的大小与两结点间的温差成正比，比例常数为赛贝克系数（也称为温差电动势率），其值为

$$\alpha_{ab} = \Delta U / \Delta T \tag{7-1}$$

式中，ΔT 为两结点间的温差。

每种材料都有固定的赛贝克系数，若用 α_a 和 α_b 表示这两种材料的赛贝克系数，那么由这两种材料所制成的热电偶的赛贝克系数为：

$$\alpha_{ab} = \left| \alpha_a - \alpha_b \right| \tag{7-2}$$

7.4.1.2　珀尔帖效应

当直流电流通过由不同导体连接形成的回路时，在结点会产生吸热或放热的现象，这种现象被称为珀尔帖效应。因为半导体的珀尔帖效应比金属更为强烈，所以用半导体制作的组件可以达到较好的制冷效果（见图 7-11）。

N 型元件的载流子是电子，P 型元件的载流子是空穴。当温差电偶的 N 型元件接入直流电正极，P 型元件接入负极时，N 型元件中的电子在电场作用下向下移动，在下端与电源的正电荷聚合，聚合时放热，同样 P 型元件中的空穴在电场作用下向下移动，在下端与电源的负电荷聚合，聚合时放热；同时，电子与空穴在上端分离，分离时吸收热量。当改变电流的方向时，吸热端会变为放热端，放热端会变为吸热端。

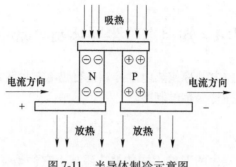

图 7-11　半导体制冷示意图

7.4.1.3　汤姆逊效应

当电流通过有温度梯度的导体时，则在导体和周围环境之间进行能量交换（见图 7-12）。这种效应只涉及一种材料。

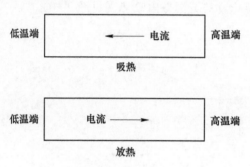

图 7-12　汤姆逊效应示意图

7.4.1.4　焦耳效应

单位时间内电流通过导体产生的热量等于导体的电阻和电流的平方的乘积。

$$Q = R \times I^2 \tag{7-3}$$

7.4.1.5　傅里叶效应

单位时间内经过均匀介质沿某一方向传导的热量与垂直这个方向的面积和该方向温度梯度的乘积成正比。

$$Q = S \times \Delta T \tag{7-4}$$

7.4.2　半导体制冷组件的结构和性能

7.4.2.1　组件结构

我们知道半导体按导电类型分为 N 型材料和 P 型材料，将 N 型元件和 P 型元件大规模串联成回路，使每个元件相连接的都是不同导电类型的元件，这样就形成了半导体制冷组件（见图 7-13）。

从图 7-13 可以看出，制冷组件的上下面是陶瓷片，它的主要成分是 95% 氧化铝。它起电绝缘、导热和支撑作用。在它的表面烧结有金属化图形。

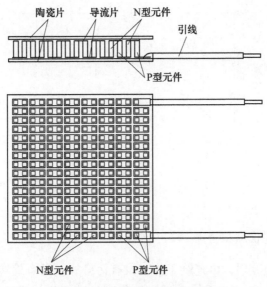

图 7-13　半导体制冷组件示意图

　　与陶瓷片连接的是导流片，它的成分是无氧铜。它起导电和导热作用。通过锡焊接在陶瓷片的金属化图形上。

　　上下导流片之间是半导体制冷元件，它的主要成分是碲化铋。它是制冷组件的主功能部件，分 N 型元件和 P 型元件，通过锡焊接在导流片上。

7.4.2.2　制冷材料的电参数

制冷材料的主要电参数如下所述。

α（温差电动势率）：一般在 $200\mu V/℃$ 左右。

σ（电导率）：一般在 $1000\mu\Omega \cdot cm$ 左右。

K（热导率）：一般在 $17W/(m \cdot K)$ 左右。

其综合参数优值系数 $Z = \alpha^2 \times \sigma/K$。

影响制冷材料优值的是材料的纯度、材料配比的合理性、工艺的有效控制。

7.4.2.3　半导体制冷组件最高使用电压和最大温差电流

　　常温下每对半导体制冷元件最高所允许施加的是 0.12V。每种制冷组件最高所允许施加的电压是元件对数×0.12。每片制冷组件的最大温差电流可以粗略的计算为元件对数×0.12×0.77/R。有人也许要问为什么我们所用的电压和电流要比计算的低呢？这要从半导体制冷的特性曲线（见图 7-14）看，以 TEC1-12705 为例。

　　图 7-14 中纵坐标是产冷功率，横坐标是工作电流，T_h 是热面温度。

　　从图 7-14 中可以看出：半导体制冷组件的工作电流和产冷功率的关系呈抛物线形状。电流达到最大温差电流时和略低的电流时（比如电流从 5A 降到 4A）的产冷功率相差不大，但是输入的电功率相差却很大。

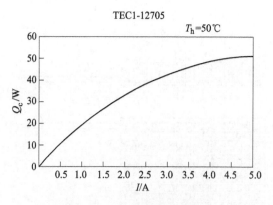

图7-14　半导体制冷特性曲线

7.4.3　半导体制冷片的优点和特点

（1）不需要任何制冷剂，可连续工作，没有污染源，没有旋转部件，不会产生回转效应，没有滑动部件，是一种固体片件，工作时没有振动、没有噪声、寿命长、安装容易。

（2）半导体制冷片具有两种功能，既能制冷，又能加热，制冷效率一般不高，但制热效率很高，永远大于1。因此使用一个片件就可以代替分立的加热系统和制冷系统。

（3）半导体制冷片是电流换能型片件，通过输入电流的控制可实现高精度的温度控制，再加上温度检测和控制手段，很容易实现遥控、程控、计算机控制，便于组成自动控制系统。

（4）半导体制冷片热惯性非常小，制冷制热时间很快，在热端散热良好冷端空载的情况下，通电不到1min，制冷片就能达到最大温差。

（5）半导体制冷片的反向使用就是温差发电，半导体制冷片一般适用于中低温区发电。

（6）半导体制冷片的单个制冷元件对的功率很小，但组合成电堆，用同类型的电堆串、并联的方法组合成制冷系统，功率就可以做得很大，因此制冷功率可以做到几毫瓦到上万瓦的范围。

（7）半导体制冷片的温差范围，从正温90℃到负温度130℃都可以实现。

7.4.4　半导体温差电片件应用范围

（1）军事方面：导弹、雷达、潜艇等方面的红外线探测、导航系统。

（2）医疗方面：冷力、冷合、白内障摘除片、血液分析仪等。

（3）实验室装置方面：冷阱、冷箱、冷槽、电子低温测试装置、各种恒温、高低温实验仪片。

（4）专用装置方面：石油产品低温测试仪、生化产品低温测试仪、细菌培养箱、恒温显影槽、电脑等。

（5）日常生活方面：空调、冷热两用箱、饮水机、车载电冰箱、电子信箱等。

7.5　知识点　太阳能喷射式制冷

太阳能喷射式制冷系统由太阳能集热器、发生器、循环泵、蒸汽喷射器、蒸发器、冷凝器及膨胀阀组成，分为太阳能集热系统和喷射制冷循环系统两大部分，如图 7-15 所示。

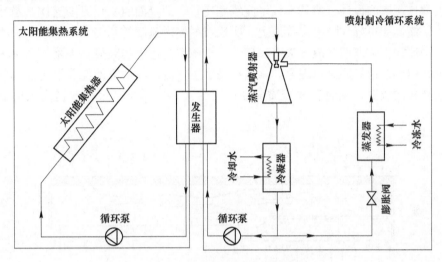

图 7-15　太阳能喷射式制冷系统

7.5.1　制冷工质的研究

一开始大多使用氟利昂制冷剂，如 R11、R12 等对环境有害的制冷剂。随着环保意识的增强，R124b、R123、R134a、R245af、水等绿色环保的制冷剂成为研究的焦点；利用太阳能驱动喷射制冷系统、发生温度为 80℃ 左右时，采用 R134a 为工质可以使系统的能效比 COP 最高。

7.5.2　喷射器

喷射器的基本结构如图 7-16 所示，它主要由喷嘴、混合室和扩压室组成。混合室又分为吸入室和喉管。压力较高的工作流体经拉伐尔喷嘴加速形成超音速射流，速度升高，

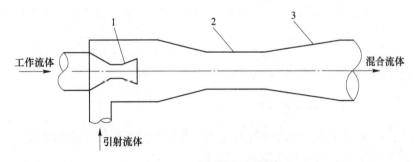

图 7-16　喷射器基本结构

1—喷嘴；2—混合室；3—扩压室

压力降低,进入喷射器的混合室,工作流体和引射流体在混合室中不断进行质量和能量的传递,工作流体的速度不断减小,引射流体的速度不断升高,两者的速度在喉管出口处渐趋一致,在扩压室内随着动能逐渐转换为压力能,流体的压力不断升高到一定背压后排出喷射器。

等马赫数梯度设计法如图 7-17 所示,用于改进喷射器的关键部件——喷嘴、混合室收缩段以及扩压室的设计,使其母线呈流线型变化,即壁面的变化紧随流体马赫数的变化而变化,使流体能更好地贴附在壁面上,实现喷射器内速度的均匀变化,减少喷嘴出口及混合段内涡流损失、壁面摩擦损失等,避免了扩压室内速度的突变,消除扩压室内激波的产生及由此引起的边界层分离现象。从而提高了工作流体的抽吸性能及混合流体的速度能向压力能转化的效率,从而有利于喷射器内混合流体的排出,可有效提高喷射器的工作效率。

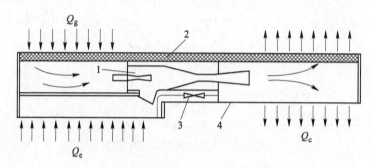

图 7-17　新型喷射器——等马赫数梯度设计法
1—喷射器；2—毛细液芯；3—节流阀或毛细管；4—封闭管壳

7.5.3　系统性能影响因素

冷凝温度变化对喷射器的抽吸率及系统 COP 值的影响最大,其次是发生温度,而蒸发温度对其影响相对最小。

7.5.4　系统性能提高方法

7.5.4.1　设置增压器

Sokolov 等在 1990 年提出了太阳能增压喷射式制冷系统。它是在常规喷射式制冷系统的蒸发器和喷射器之间加一机械压缩装置,如图 7-18 所示,以提高喷射器的引射压力,进而提高整个系统性能的制冷循环系统。它综合了机械压缩式制冷循环和蒸汽喷射式制冷循环的优点,既能利用低焓热源,又具有较高的热经济性。

7.5.4.2　带回热的两级喷射系统

加入回热器,使得能量的利用率达到最大,在平均放热温度不变的情况下,增加了工质的平均吸热温度,所以系统的效率将会提升。

采用两个喷射器串联的形式来代替单级的喷射器,提高喷射系数,使得整个系统的性能提高。

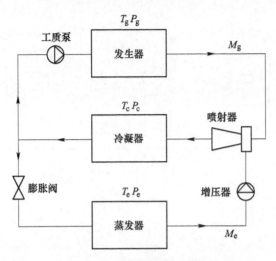

图 7-18 增加机械增压装置

如图 7-19 所示，8—9 和 8—11 是工作蒸气在喷嘴中的膨胀过程，9—2、1—2、11—12 和 10—12 是喷射器 1 和喷射器 2 两部分蒸气的混合过程，2—10 和 12—13 是在扩压管中的升压过程，13—14 是在回热器中的冷却过程，15—4 是在冷凝器中的冷却过程。此后制冷剂液体分成两部分，一部分经节流阀降温降压进入蒸发器中制冷，在图上用 4—3—1 表示，另一部分经工质泵加压后经回热器、蓄热器、蒸气发生器中形成工作蒸气，用 4—5—6—7—8 表示。

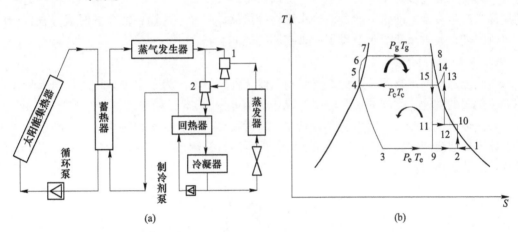

(a)　　　　　　　　　　　　　(b)

图 7-19 带回热的两级喷射系统结构与压焓图
(a) 喷射系统结构；(b) 压焓图

7.5.4.3 全天候工作的改进

全天候工作系统流程图如图 7-20 所示。

全天候工作系统由蓄热蓄冷和辅助加热设备等组成，提高了系统的环境适应能力，可以提升稳定的输出。

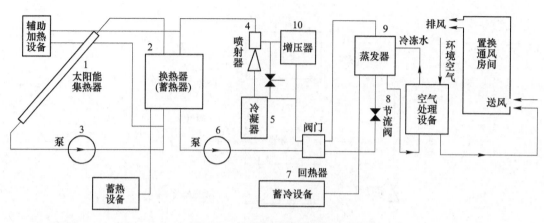

图 7-20 全天候工作系统流程图

A 蓄热水箱

蓄热水箱是为了保证系统运行的稳定性，使制冷机的进口热水温度不受太阳辐照度瞬时变化的直接影响。从太阳能集热器出来的热水不能直接进入制冷机，而是首先进入蓄热水箱，再由蓄热水箱向制冷机供热。同时，根据太阳辐照度在一天内变化的特点，蓄热水箱还可以把太阳辐射能高峰时暂时用不了的能量以热水的形式储存起来以备后用。

B 蓄冷水箱

传统的制冷系统的储能装置除了将从太阳吸收来的热量储存在储热水装置中，在夜间将储存的热水通过喷射制冷机产生冷量，以供空调所用，还可以在太阳辐射较强的时候利用制冷机产生多余的冷量，通过储冷水箱将冷量储存起来，这样在需要的时候，直接以冷冻水供空调，其效果相当于节省了中央空调的耗能。

C 辅助加热系统

太阳能系统的运行不可避免地要受到气候条件的影响。为了保证系统可以全天候发挥空调、供暖的功能，常规的辅助能源系统是必不可少的。

燃油热水锅炉较好，因为它具有启动快、污染小、便于自动控制等优点。在白天太阳辐射能不足和夜间需要继续用冷或用热时，即可通过控制系统自动启动燃油锅炉，以确保系统持续稳定运行。

7.6 实 验 任 务

7.6.1 任务描述

半导体制冷片功率测试。

7.6.2 所需工具仪器及设备

（1）20A 大功率精密恒流恒压电源。

（2）TEC 制冷控制器：TEC-10A。

（3）TEC 制冷片定制 12706。

（4）大功率散热片及风机，热端散热良好。

（5）12V/10A 开关电源。

7.6.3 知识要求

半导体制冷原理及传热学知识。

7.6.4 技能要求

（1）常用电气测量仪表的使用。

（2）功率与效率的分析。

7.6.5 注意事项

（1）防触电、防烫伤。

（2）防止由于环境干扰、测量误差等因素造成测量数据不准确。

（3）防止整流器过压烧毁或爆裂。

7.6.6 任务实施

7.6.6.1 测试方案

测试系统采用热源和 TEC 制冷相结合，精密恒流恒压电源盒半导体整流器作为热源部分；12V/10A 电源、TEC-10A 控制器、TEC 制冷片、DS18B20、散热片作为制冷稳定控制温度的部分。结构图如图 7-21 所示。

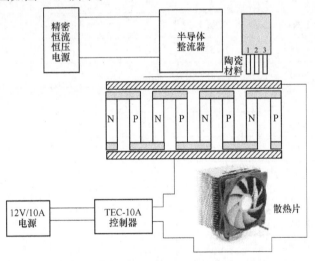

扫一扫
查看彩图

图 7-21　TEC 半导体制冷片测试方案图

使用半导体整流器作为热源，它和半导体激光器工作时的发热效果非常类似，都是半导体器件，导热、散热方式雷同，如图 7-22 所示。

测试中，通过调节精密恒流恒压电源输出电流电压大小，半导体整流器上获得的热功率可任意设定，散热片散热的热阻很小，是一个非常良好的导热体。

半导体整流器　　　　　　　　　半导体激光器　　　　　　　扫一扫
　　　　　　　　　　　　　　　　　　　　　　　　　　　　查看彩图

图 7-22　半导体整流器和半导体激光器等效图

7.6.6.2　测试数据

测试数据见表 7-1 和图 7-23。

测试条件：工作电压 12.5V；环境温度：21.5~22.5℃。

表 7-1　测试数据

热源电流/A	热源电压/V	热源功率/W	稳定控制温度实测值/℃	稳定控制温度参考值/℃
1	1.62	1.62		2.875
2	1.64	3.28		5.6875
3	1.66	4.98		7.5
4	1.66	6.64		9.125
5	1.66	8.3		11.1875
6	1.66	9.96		13.5
7	1.65	11.55		16.1875
8	1.66	13.28		18.375
9	1.65	14.85		20.3125
10	1.68	16.8		21.4375
11	1.64	18.04		22.5
12	1.64	19.68		24
13	1.63	21.19		25.625
14	1.63	22.82		29.0625
15	1.63	24.45		30.5625
16	1.62	25.92		31.1875
17	1.62	27.54		33.4375
18	1.62	29.16		35.3125
19	1.62	30.78		37.4375
20	1.62	32.4		40.625

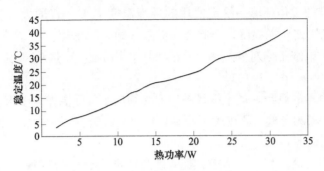

图 7-23　热源功率控制温度参考曲线

7.6.6.3　结论

测试中采用了价格较为昂贵的 TEC 片，通过电流为 6A；稳定温度到 5℃时，TEC 吸收热功率最大为 3W；稳定温度为 22℃时，TEC 吸收热功率最大为 17W；稳定温度到 40℃时，TEC 吸收热功率最大为 32W。可见控制目标温度不同，能够吸收的热量大小不同，设定目标温度高，吸收热量高；设定目标温度低，吸收热量小。

7.7　任务汇报及考核

7.7.1　经济性分析

太阳能吸收式空调系统可将夏季制冷、冬季采暖和其他季节提供热水三种功能结合起来，做到一机多用、四季常用。太阳能集热器在整个太阳能空调系统成本中占有较大比例，造成太阳能空调系统的初始投资偏高。

考核：太阳能空调可显著 ［　］ 常规能源的消耗，大幅 ［　］ 运行费用。

7.7.2　太阳能空调构造

常规能源吸收式空调供热综合系统通常主要由锅炉、交换罐、制冷机、空调箱、通风道、生活用热水箱等组成。

太阳能吸收式空调供热综合系统通常主要由太阳集热器、锅炉、储热水箱（交换罐）、制冷机、储冷水箱、空调箱、通风道、生活用热水箱等组成。

考核：太阳能空调供热综合系统与常规能源空调供热综合系统相比，在设备方面主要增加了 ［　］（控制系统的功能包括控制太阳集热器系统的循环以及控制太阳能不足时锅炉的自动启动与切换等）。

7.7.3　半导体制冷应用产品选用电堆时应确定的几个问题

（1）确定制冷时被冷却的空间或物体达到的低温度 T_c℃。电堆是温差器件，根据散热条件的好坏，决定制冷时电堆热端的实际温度。由于温度梯度的影响，电堆热端实际温度比散热器表面温度高，通常少则零点几摄氏度，多则高几摄氏度、十几摄氏度。同样，被冷却的空间与电堆冷端之间也存在温度梯度。

（2）确定电堆的工作环境，给定使用的环境温度 $T_h℃$。普通大气、干燥氮气、静止或流动空气以及周围的环境温度，由此考虑保温（绝热）措施。

（3）确定制冷电堆工作对象及热负载的大小。热负载 Q（热功率 Q_p、漏热 Q_t），单位为 W。

（4）确定制冷器的级数。电堆级数的选定必须满足实际温差的要求，即电堆标称的温差必须高于实际要求的温差，否则达不到要求，但是级数也不能太多，因电堆的价格随着级数的增加而大大提高。

（5）确定电堆的规格和工作状态。查阅该型号的温差电制冷特性曲线图。根据工作电流的方向和大小，确定电堆的产冷量 Q_c、产热量和恒温性能。

（6）确定电堆的数量。由所需的产冷量 Q 除以每个电堆的产冷量 Q_c 就得到所需的电堆数量 $N = Q/Q_c$。

上述是选用电堆时考虑的一般原则，根据上述原则，用户首先应根据需要提出要求来选择制冷器件。

根据自己的判断设计一个车用小型电冰箱，并与商业化的产品比较。

考核：[　　　　　　　　　　　　　　　　　　　　　　　　　　　　　　]

7.8　思考与提升

太阳能综合系统经济性估算见表 7-2。

以北京市太阳能研究所建立的太阳能吸收式空调及供热综合系统为例，对该系统经济性做分析。该系统的制冷、供热功率为 100kW，空调、采暖建筑面积为 $1000m^2$，热水供应量（非空调采暖季节）为 $32m^3/d$，使用的热管式真空管太阳集热器为 $540m^2$。

表 7-2　太阳能综合利用系统经济性估算分析

名　称	费用/万元
太阳集热器	61. 0
集热器支架及基础	3. 2
管道（包括水泵和管件等）及保温	2. 2
储冷水箱	4. 0
安装、运输等	5. 0
控制系统	9. 0
其他	3. 0
合计	87. 4

7.8.1 采暖期消耗常规能源费用的估算

设定冬季平均环境温度为-2℃（指目前太阳能系统的安装地），若达到室内平均温度18℃，则所需蒸汽量为197.25t/月。蒸汽价格85元/t。按采暖期3.5个月计算。

采暖期耗能费用：85×197.25×3.5＝58682元

7.8.2 空调期消耗常规能源费用的估算

根据经验数据，一般空调负荷是采暖负荷的1.5倍。按空调期3个月计算。

空调期耗能费用：85×197.25×1.5×3＝75448元

7.8.3 生活热水常规能源消耗费用的估算

设春秋两季每天产生45℃的热水32m³，若自来水温度13℃，则使用期所需要热量为707436×108kJ，换算成耗电量为196510kW·h。每度电费0.60元。按使用期5.5个月计算。

生活热水耗能费用：0.60×196510＝117906元

7.8.4 太阳能替代常规能源消耗费用的估算

以上三项全年总费用：58682+75448+117906＝252036℃

若按太阳能保证率60%计算，则太阳能替代常规能源消耗费用合计：

$$252036×60\% ＝151222 元$$

投资回收期：864000/151222＝5.7年

从经济性上分析，太阳能空调供热综合系统每年可节省常规能源消耗费用15.1万元。在太阳能系统上的投资，5~6年的时间就可收回。

一般太阳能空调系统的回收期为5~6年，开发和推广太阳能空调及供热系统，从经济上是可行的，从节约常规能源和加强环境保护方面来看，更是收益巨大。

7.9 练习巩固

（1）名词解释：制冷、赛贝克效应、珀尔帖效应、汤姆逊效应、焦耳效应、傅里叶效应。

（2）简答题。

1）太阳能制冷的优点。

2）吸收式制冷包括哪两个循环。

3）喷射式制冷的核心部件是什么，由哪几部分组成？

4）太阳能蒸汽压缩式制冷的主要原理是什么？

（3）设计题。

1）请设计一个储冷式太阳能空调，画出结构框图。

2）碟式太阳能发电系统的核心部件是斯特林发动机，它也可以用来驱动压缩式空调，请画出一个基于斯特林发动机的空调系统原理框图。

参 考 文 献

［1］邹同华，杜建通. 太阳能制冷技术的研究及应用［J］. 新能源，1999，021（7）：42-47.

［2］宋德胜，潘远学，朱元吉，等. 基于 PLC 的太阳能空调控制系统应用研究［J］. 太阳能，2013
　　（018）：39-41.

［3］韩崇巍. 太阳能双效溴化锂吸收式制冷系统的性能研究［D］. 合肥：中国科学技术大学，2009.

［4］祝嗣超，刘忠宝. 吸收式制冷技术在家用电器上的应用［J］. 家电科技，2012（1）：70-72.

［5］张秀丽，姜勇. 浅谈太阳能制冷技术及其在空调领域的应用［J］. 山西建筑，2011，037（8）：
　　114-115.

［6］韩崇巍. 太阳能双效溴化锂吸收式制冷系统的性能研究［D］. 合肥：中国科学技术大学，2009.

项目 8 太阳能建筑

太阳能建筑一体化并不是简单地将太阳能和建筑的"相加",而是需要将二者的优势整合起来,使建筑美学与节能工程和谐统一。因此在建筑设计的时候,既需要根据不同的建筑节能目标和客户需求、技术要求、使用目的以及不同地理纬度和气候特点、建筑类型等,对建筑的造型、平面布局和功能等进行综合考虑,又需要反馈给太阳能热利用设备的设计和生产企业建筑对设备要求的相关信息。只有这样才能使光热设备的设计和生产与建筑的使用达到完美的统一,推动光热产品在建筑上的运用,达成结构牢固、美观大方、节约能源的多重目标。[1]

8.1 知识点 超炫的太阳能建筑集锦

随着太阳能利用的普及,光伏光热技术与建筑的结合越来越普遍,各种各样的太阳能建筑层出不穷。建筑是美学与实用功能的结合,下面列举世界范围内一些太阳能建筑的典范,供大家开阔视野。[2-3]

8.1.1 德州太阳谷

该项目位于山东德州,如图 8-1 所示,是一座集太阳能光热、光伏、建筑节能于一体的高层公共建筑,采用全球首创的太阳能热水供应、采暖、制冷、光伏发电等与建筑结合技术,节能效率高达 88%。

图 8-1 德州太阳谷
(图片来源:北极星太阳能光伏网)

扫一扫
查看彩图

8.1.2　保定光伏+被动式+智能示范建筑

如图 8-2 所示，此建筑采用光伏+被动式+智能示范建筑采用新中式风格设计，集建筑光伏一体化技术、被动式技术、高效节能环保空调系统等绿色技术和智慧能源管控系统为一体，打造出一个涵盖宜居、零碳、绿色、智慧的示范建筑。实现功能可靠、自发自用、节能环保、美观时尚等多重效益。

扫一扫
查看彩图

图 8-2　保定光伏+被动式+智能示范建筑
（图片来源：北极星太阳能光伏网）

8.1.3　吴江中达低碳示范住宅

图 8-3 是坐落于苏州吴江同里湖畔的"中达低碳示范住宅"，以"垂直村落"设计为

扫一扫
查看彩图

图 8-3　吴江中达低碳示范住宅
（图片来源：北极星太阳能光伏网）

基础，综合运用了太阳能光伏系统、太阳能热水系统、底层架空通风系统、屋顶绿化、墙面绿化、阳台自遮阳等诸多低碳技术，使节能环保、绿色低碳、宜居舒适的绿色建筑成为现实。同时使用新风机等排风控制系统可自动将户内空气与过滤后与户外空气做交换，提高户内空气质量；通过台达能源在线系统，实时监测水、电以及能量的消耗资料，从而达到最佳节能效果。

8.1.4 中国台北公共图书馆

中国台北公共图书馆如图8-4所示，采用挑高夹层的高低窗产生的浮力通风，再配合气体交换机，降低室内温度约4℃，不仅节省电费，更能将户外清新的空气引进来。图书馆设有太阳能光电板发电的轻质生态屋顶，每天可发电16kW·h，其发电量相当于在夏天中正午时可供应全馆同时间20%的用电量。至于斜坡屋顶及草坡设计，则可绿化屋顶涵养水分、减少直接暴晒；斜屋顶收集而来的雨水用于浇灌植栽及清洁用水，则达到水资源的再利用。

图8-4 中国台北公共图书馆
（图片来源：北极星太阳能光伏网）

扫一扫
查看彩图

8.1.5 迪拜旋转摩天楼

迪拜建造的图8-5所示这座旋转摩天楼达80层，高度约为420m，每一层都可以360°旋转。大厦的屋顶还装配大型太阳能电池板，年发电量大约在100万千瓦时，超过了一座普通的小型发电站。

8.1.6 迪拜鸟岛太阳能建筑

迪拜鸟岛太阳能建筑如图8-6所示，它的每一个建筑曲面都可以独立地朝向北面，并均位于东西轴线上，巨大的太阳能集热器群面朝南，能自动调整自身集光板面，垂直于太阳高度角，将集热效率最大化。切割和倾斜类型的叶子屋顶可以把太阳能基地分解成不同的小块区域，便于管理。预计建成后可通过LEED金牌认证。

扫一扫
查看彩图

图 8-5　迪拜旋转摩天楼
（图片来源：北极星太阳能光伏网）

扫一扫
查看彩图

图 8-6　迪拜鸟岛太阳能建筑
（图片来源：北极星太阳能光伏网）

8.1.7　法国零能源办公大楼

　　法国零能源办公大楼位于法国巴黎，如图 8-7 所示，完全使用太阳能提供能源，是世界上最环保的办公大楼之一。这座零能源建筑超过 7 万平方米，可容纳 5000 多人。设计师在大楼内建设起最大的太阳能电池阵列，将生产足够的电力用来满足采暖与照明、空调用电等。

8.1.8　美国佛罗里达迪士尼太阳农场

　　目前，在加州附近佛罗里达迪士尼乐园，如图 8-8 所示，有一太阳能农场正在建设

图 8-7　法国零能源办公大楼

（图片来源：北极星太阳能光伏网）

扫一扫
查看彩图

中。太阳能农场包含大约 48000 块太阳能电池板，排成有标志性的米老鼠耳朵的形状。此太阳能农场开始使用后，将为迪士尼世界和附近地区供能。

图 8-8　美国佛罗里达迪士尼太阳农场

（图片来源：北极星太阳能光伏网）

扫一扫
查看彩图

8.1.9　美国加州科学院大楼

图 8-9 所示的美国加州科学院大楼外侧通体使用了玻璃墙和玻璃窗。这样大楼建成后90%的区域都将被自然光照射，另外 10%的区域照明将使用太阳能。珊瑚礁池和地下水族馆用的海水从 4km 外的太平洋深海抽取，加热后流经大楼一层地板，在冬天能提高30%的取暖效率。

图 8-9　美国加州科学院大楼

（图片来源：北极星太阳能光伏网）

扫一扫
查看彩图

8.1.10　美国苹果公司新总部大楼

图 8-10 所示 ApplePark 是美国苹果公司新总部大楼，是乔布斯生前所设计，占地面积约 26 万平方米，全部使用可再生能源建成。整座大楼的顶部铺设了光伏发电系统，是全球第二大太阳能屋顶，发电能力有望达到 17MW。每天产生的电量能在高峰时期提供 75%的用电量。

图 8-10　美国苹果公司新总部大楼

（图片来源：北极星太阳能光伏网）

扫一扫
查看彩图

8.1.11　美国芝加哥太阳大厦

图 8-11 所示这座位于"风之城"芝加哥的太阳大厦外立面的追踪装置上有多个圆形太阳能收集器，这些太阳能电池板经过了精心安置，在为建筑遮阳的同时不会影响人们的

视野。太阳能电池板可全天跟随太阳的方向旋转，发电量增加40%，甚至电池板遭受的风压也能转换为清洁能源。

图 8-11　美国芝加哥太阳大厦

（图片来源：北极星太阳能光伏网）

扫一扫
查看彩图

8.1.12　澳大利亚墨尔本像素建筑

图 8-12 所示像素大楼位于墨尔本市重要地段，是一个耀眼的项目，是澳大利亚第一个碳中性办公楼。大楼里面配置了太阳能电池板，他们和谐的组合在外表皮上，赋予建筑活力及独特感。像素的建筑实现了完美的绿星评分，它为可持续的崛起铺平了道路。同时，大楼取得美国 LEED 标准下的 102 个要求，是全球 LEED 最高分。

8.1.13　日本三洋大楼

日本三洋大楼是座太阳能集能大楼，如图 8-13 所示，有超过 5000 个高效太阳能平板。它弯曲的造型是为了最大程度的利用太阳能，这一精致的建筑很像是一列出轨的轻轨地铁，横跨天际。在不同的太阳能平板之间，有近 500 个色彩各异的照明灯，这些灯一打开就能在这座巨大建筑的两面创造出多种图案和文字。

图 8-12　澳大利亚墨尔本像素建筑

（图片来源：北极星太阳能光伏网）

扫一扫

查看彩图

图 8-13　日本三洋大楼

（图片来源：北极星太阳能光伏网）

扫一扫

查看彩图

8.1.14　英国伦敦通天塔

英国"流行建筑"公司正打算在伦敦建造图 8-14 所示的一座史无前例的 300 层摩天塔楼——它将有 1524m 高，形如一根高耸入云的雪茄。"伦敦通天塔"将是一座可以自给自足的人工智能型生态城。塔楼将利用太阳能提供主要能源；塔楼内的水和垃圾都将可以回收循环再利用，从而减少环境污染；而新鲜的淡水则可以在阴天时从塔楼顶端的云层中采集，经过滤之后通过管道运送到住户的家中。

8.1.15　英国西门子"水晶大厦"

这是一座会议中心，也是一座展览馆，如图 8-15 所示。西门子将其在城市与基础设施领域的智慧融入其中，正如它的形状"水晶"一样。建筑占地逾 6300m²，与同类办公楼相比,它可节电 50%,减少二氧化碳排放 65%,供热与制冷的需求全部来自可再生能源。

扫一扫
查看彩图

图 8-14 英国伦敦通天塔
(图片来源:北极星太阳能光伏网)

扫一扫
查看彩图

图 8-15 英国西门子"水晶大厦"
(图片来源:北极星太阳能光伏网)

8.1.16　印度孟买蛋形办公楼

如图 8-16 所示，位于印度孟买的蛋形办公楼是一座令人印象深刻的可持续建筑。这座 3.2 万平方米的建筑有 13 层，涵盖了建筑、环境设计、智能系统和新的工程技术，将成为孟买的地标。这座办公楼利用了被动式太阳能设计，能够通过减少热增益来调整建筑内部的温度。办公楼由太阳能电池板和屋顶的风力涡轮机提供能量，甚至能够独立收集水分进行花园灌溉。

图 8-16　印度孟买蛋形办公楼

（图片来源：北极星太阳能光伏网）

扫一扫
查看彩图

8.2　知识点　"地热能+太阳能"供暖技术

"我们的脚下就有石油和天然气"，在地下浅层区域蕴藏着丰富的地热能。狭义的地热能可以认为是夏季高温时储存在地表水土中的热能，广义上是指赋存于地球内部岩土体、流体和岩浆体中，能够为人类开发和利用的热能。地热能具有高效、稳定、清洁、安全等优势，在节能减排、治理雾霾、调整能源结构等方面发挥着独特作用，尤其在供暖领域，地热能将成为未来主要的发展方向之一。绿色低碳中浅层地热能开发供暖技术实现了地热开发"取热不取水"和低品位地岩热的开发利用，避免了直接开采地下热水资源带来的一系列问题，为开发利用地下中深层地热资源来进行高效环境调节开拓了新的思路，使得地热能真正成为可持续、可再生的新能源。

图 8-17 所示地源热泵系统包含了抽地下水方式、埋管方式、抽取湖水或江河水方式等，抽取湖水或江河水方式造价最低，埋管方式最贵，但最好。利用湖水的方式存在的生态问题是在水域不够宽广时，有可能将湖水升温降温，引发蓝藻等灾害，使水质发生变化。中深层地岩热具有储量大、可再生的特点，利用地温梯度原理，在 2000 ~ 3000m 深处利用 60 ~ 90℃ 的地热能，供热效果好，采用封闭式系统间接换热，对地下环境没有影响。

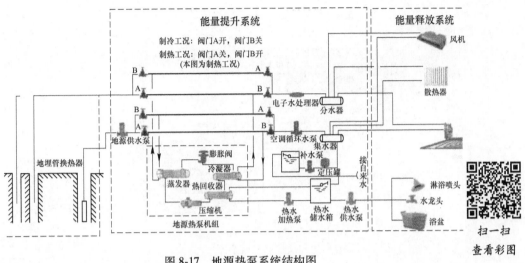

图 8-17　地源热泵系统结构图

8.2.1　热泵技术

地热能的开发利用普遍采用图 8-18 所示的热泵技术。这项技术是近代由科学家在空调制冷技术基础上发明的一种节能方法。类似压缩机空调冬季制热的原理，向热泵机组输入一定电能驱动压缩机做功，使机组中的工质（如 R22、R134a 等制冷剂）反复发生蒸发吸热和冷凝放热的物理相变过程，就能实现空间上的热量交换和传递转移，这种转移的效率比直接给电热丝通电发热的效率要高很多，其比率称为 COP 指数，通常在 2~7 之间，也就是说通过热泵技术的使用，我们消耗 $1kW \cdot h$ 的电能，可能得到 $2~7kW \cdot h$ 的热量或者冷量。运用这项技术，我们不再那么担心超市、机场、商场等大空间使用空调时的高能耗问题了。[4]

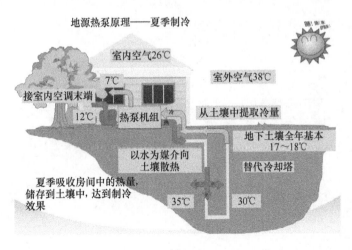

(a)

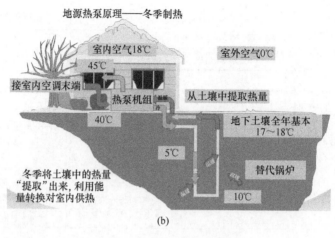

图 8-18　地源热泵系统原理图
（a）夏季制冷；（b）冬季制热

8.2.2　地热能源

在太阳的辐射照耀或者冬季的低温影响下，地球成为太阳能的巨型"存储器"，在地壳浅层的水体和岩土体中贮存了大量清洁的可再生冷热能源，称为浅层地热能。浅层地热是指 0~200m 深度，来自太阳辐射对地表土壤的加热，温度小于 25℃。中深层地热是指 200m 以上深度，来自地核熔融岩浆和放射性物质衰变的热能。

8.2.3　地源热泵中央空调系统

地源热泵中央空调系统如图 8-19 所示，是以岩土体、地下水或地表水为低温热源，由水源热泵机组、地热能交换系统、建筑物内系统组成的供热空调系统。它的工作原理：在夏季高温时，环境温度比地源的温度高，热泵机组从室内吸收热量并转移释放到地源中，实现建筑物空调制冷。在冬季低温时，环境温度低于地源温度，热泵机组驱动制冷剂

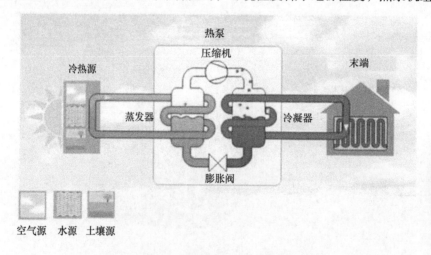

图 8-19　地源热泵中央空调系统

反向流动，从地源（浅层水体或岩土体）中吸收热量，向建筑物供暖。按照地热交换系统形式和地热源的不同，地源热泵系统分为地下水地源热泵系统和地表水地源热泵系统和地埋管地源热泵系统。地源热泵系统的难点之一是地埋管道的铺设，其工程量大，由于地质条件的不同，例如遇到地下鹅卵石层，既坚硬又有流动性，施工难度大。

8.2.4 太阳能+地热能系统

地源热泵是一种高效、节能、环保的新型空调系统，其主要缺点是初始投资较大，同时长期运行会带来土壤温度变化，受地质条件影响，部分地区可能会出现工作一段时期以后，热泵机组制热能力不足等问题。

太阳能清洁可再生，前景巨大，但运行周期性、波动性较大，将两者进行结合，一方面由于土壤具有蓄能、稳定性及延迟性的特点，可以作为太阳能的蓄热装置；另一方面，由于太阳能的辅助供热作用，使得地埋管换热器可以间歇运行，可以在白天太阳辐射时停止工作，让土壤温度场能够得到及时恢复，从而使热泵运行稳定。因此两种低位热源热泵的联合运行是一种比较合理的方案，可以互相取长补短，发挥各自的优势，弥补单一热源热泵的不足，提高热泵系统的 COP 值。[5,6]

如图 8-20 所示，地源热泵与太阳能电池板能很好地配合工作。地源热泵利用太阳能电池板生产的电能和热能调节家庭的温度。这是一个完全绿色的系统，在不排放任何危险的温室气体的情况下，产生电能和热能的输出。地热能与太阳能相辅相成，减少发电和供暖过程的碳排放。

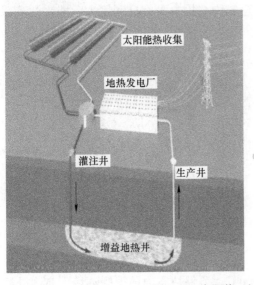

图 8-20　太阳能+地热能系统

（图片来源：地热能资讯）

扫一扫
查看彩图

其中一种太阳能串联地源热泵热源侧供热模式如图 8-21 所示，该模式下，太阳能集热器与热泵热源侧串联，集热器出水进入地埋管换热器内以提升热泵工作效率，热泵负荷侧出水直接用于供暖。此模式用于太阳能不充足的工况。

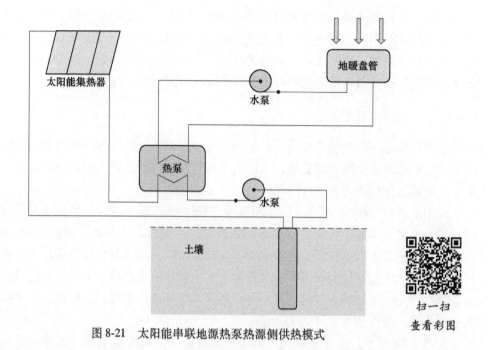

图 8-21　太阳能串联地源热泵热源侧供热模式

8.3　知识点　被动式太阳房

图 8-22 所示被动式太阳能建筑是依靠建筑物结构本身充分利用太阳能来达到采暖的目的，因此它又称为被动式太阳房。

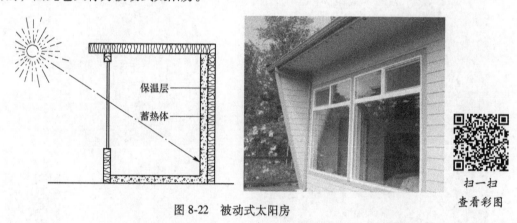

保温层

蓄热体

图 8-22　被动式太阳房

在寒冷地区，冬季平均气温经常低于-10℃，要保持室内的温暖环境，室内外的温差超过 20℃。在这样的环境条件下，对被动式太阳房的设计需要从集热、蓄热、保温三个方面着手，以期达到节能 50%以上的目标。

在被动式太阳房中，只有充分利用太阳能，并加入储存和释放，才能达到被动采暖的效果，这与房屋的方位角、形状以及高度角相关。图 8-23 所示为与冬季采暖时，太阳高度角低相适应的被动式太阳房。

图 8-23 冬季太阳高度角低时太阳房

扫一扫
查看彩图

许多应用及研究表明，被动式太阳房的冬季采暖性能越好，就越容易出现夏季过热现象，这一直是被动式采暖技术应用过程中亟待解决的问题。到目前为止，有许多自然降温技术得到了广泛的应用，如利用屋顶的涂层反射太阳光，利用绿色植物减少屋顶和围护结构的太阳得热，改善墙体的保温性能，图 8-24 采取更多的遮阳措施，对窗户进行遮阳和夜间自然通风等，其中夜间自然通风是应用最广泛的夏季降温措施。通过将夜间温度较低的室外空气引入室内，利用冷媒蓄冷，以达到降低次日室内温度峰值的目的。有研究表明，重质建筑中的自然通风能够降低白天室内的峰值温度 $3 \sim 6 \, ℃$。当热质的数量从 $887 \mathrm{kg/m^2}$ 增加到 $1567 \mathrm{kg/m^2}$，换气次数增加到 10ACH 时，室内最高温度可以降低 $3 ℃$，室内围护结构的对流换热系数也是影响通风效果的重要参数之一。

图 8-24 夏季太阳高度角高时太阳房

扫一扫
查看彩图

图 8-25 所示为集热墙式太阳能房，这是一种简化的被动式太阳能房方式，通过对蓄热和通风的调节，达到使用太阳能进行调温节能的目的。

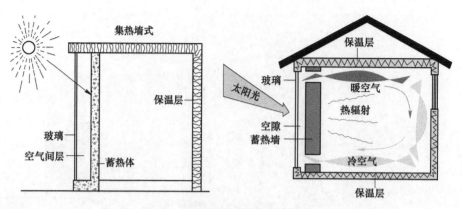

图 8-25　集热墙式太阳能房

　　如图 8-26（a）所示，白天取暖模式时，冷空气在集热墙内通道的温度虹吸作用下从底部进入，经加热后热空气从上部进入房间，反复循环，达到给室内加温的目的。如图 8-26（b）所示，夏天降温模式时，空气的流向相反，室内的热空气在集热墙加温动力作用下，直接排出室外，使室内空气形成了对流效应。为了加强降温，可以在入口对空气加湿，让侧流过的湿空气在蒸发过程吸收一些热量，使较热的空气变为较冷的空气，将这较冷的空气送入房间内而达到降温空调的效果。图 8-26（c）所示为冬季夜间，为防止热量散失，关闭通风口。

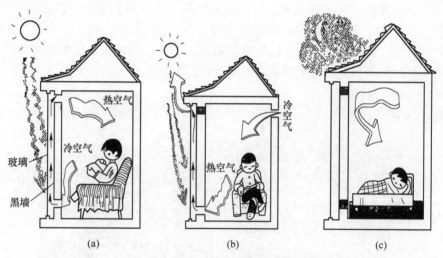

图 8-26　集热墙式太阳能房工作模式
（a）白天取暖；（b）夏天降温；（c）夜间取暖

　　集热墙的效果有时不太显著，更实用的方法是增加附加太阳房。图 8-27 所示为坐落于美国纽约州的一栋节能房屋，使用温室作为被动式太阳能空间加热系统，燃料消耗量约为相同气温相同大小房子的 1/4，它使用了附加阳光房的方式。

　　附加阳光房的工作机理如图 8-28 所示。它与集热墙的方式相类似，但是相比集热墙有了更大的集热空间和更好的使用体验。用户可以在附加阳光房中享受太阳浴。

图 8-27 带附加太阳房的建筑

扫一扫
查看彩图

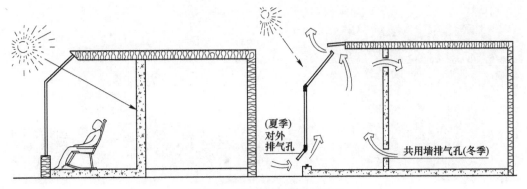

图 8-28 附加阳光房及其原理

8.4 知识点 主动式太阳房

主动式太阳能建筑是指运用光热、光电等可控技术利用太阳能资源实现收集、储存和使用太阳能，进而以太阳能为主要能源的节能建筑。主要包括太阳能采热和光伏发电在建筑中的应用。主动式太阳能建筑的新型技术措施主要包括热管集热器、传热流体、相变材料蓄热、辅助热源、自动控制系统以及太阳能热泵采暖系统。

图 8-29 是用热水循环进行太阳能取暖的案例。由水泵、鼓风机等提供循环动力，由集热器、蓄热器、收集回路、分配回路组成，通过平板集热器，以水为介质收集太阳热。吸热升温的水储存于保温储存槽或者保温水箱内，温度不够时由辅助加热器进行加热，由热水经壁板式取暖器，用以给房间供暖。如果能将蓄热器埋于地层深处，把夏季过剩的热能储存起来，可供其他季节使用。图 8-30 为主动式太阳能建筑所使用到的壁挂式和屋顶式集热器。

按传热介质划分，主动式太阳能建筑可分为空气循环系统、水循环系统、水和气混合系统。相对于被动式太阳能建筑，主动式太阳能建筑具有更大的灵活性，更方便地采用其他能源进行补充，能够较好地满足住户的采暖、热水供应，甚至利用光热制冷装置实现制冷空调。主动式太阳能建筑所用到的手段是进行建筑节能的主要手段，也是为了让建筑在进行能效评估时达到规定指标所用到的主要措施。

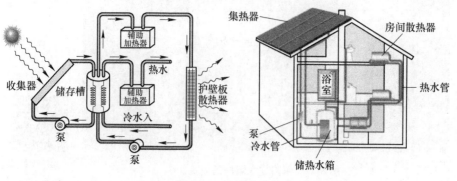

图 8-29　太阳能取暖

图 8-30　太阳能壁挂式和屋顶式集热器

　　　　主动式太阳能建筑技术推广遇到的主要障碍是设备复杂，需要辅助能源，而且所有的热水集热系统都需要防冻设施，这些缺点造成主动式太阳能建筑的成本较高，增加了用户的经济负担，另外其他的一些因素（如风水理念、光污染和美学法等）形成了技术应用的其他阻力，使得在现阶段难以大规模推广应用。

　　　　能源紧张的形势下，太阳能作为清洁无污染、取之不尽用之不竭的可再生能源，对改善能源利用及结构形式具有很大的提升空间，是实现节约型能源结构的有效途径。综合利用光伏和光热技术的建筑如图 8-31 所示，很好的符合了建筑美学的特征。

　　　　从技术上分析，主动式太阳能采暖系统主要有以热风和热水两种方式进行采暖，其中热风式需要较大的空间放置循环动力设备，而热水式虽然对技术和资金要求较高，却是今后太阳能供暖系统的主要集热形式。根据系统不同的运行方式和结构形式，太阳能热水系统有如下分类：按系统运行方式分为自然循环和强制循环系统；按热水供给方式分为直接系统和间接系统；按辅助加热设备在储水箱空间位置分为内置加热系统和外置加热系统。图 8-32 所示为一个热风与热水相结合的太阳能建筑示例，可以满足房屋一年四季的环境调节需求。

扫一扫
查看彩图

图 8-31 太阳能热水、采暖、空调综合系统示意图

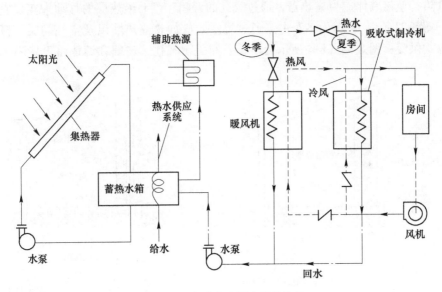

图 8-32 主动式太阳房系统构架

8.5 实验任务

8.5.1 任务描述

Trombe 墙的性能试验。

8.5.2 所需工具仪器及设备

（1）Trombe 墙模型。

（2）温度数据采集仪。

（3）太阳能直流风扇。

8.5.3　知识要求

8.5.3.1　Trombe 墙简介

特朗伯（Trombe）集热墙是一种依靠墙体独特的构造设计，无机械动力、无传统能源消耗、仅仅依靠被动式收集太阳能为建筑供暖的集热墙体。它由法国太阳能实验室主任 Felix Trombe 教授及其合作者首先提出并实验成功的，故通称为 Trombe wall（特朗伯墙）。它是一种典型的集热—贮热式被动式太阳房形式，尤其适合于我国北方太阳能资源丰富、昼夜温差比较大的地区，有利于大大减少这些地区的采暖能耗，改善当地居民的居住环境。[7,8]

8.5.3.2　Trombe 墙工作原理

如图 8-33 所示，特朗伯墙将向阳的外表面涂以深色的选择性涂层以加强吸热，并减少辐射散热，使该墙体成为集热器，通过气孔的开闭和可动绝热层的移动来实现室内温度的调节。图 8-33（a）所示为冬季白天通过温室效应加热集热墙以及空气间层，打开气孔以对流方式供暖；图 8-33（b）所示为冬季夜间关闭气孔，玻璃和墙体将设置隔热窗帘或

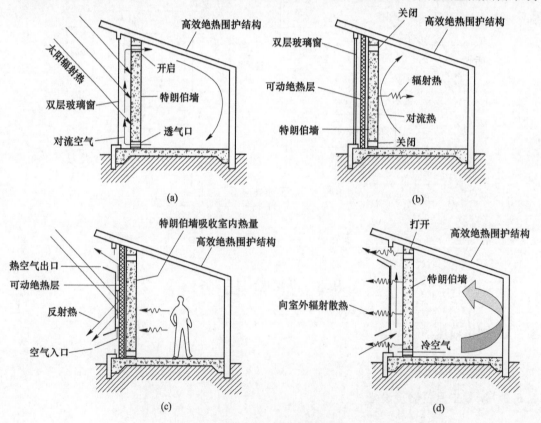

图 8-33　Trombe 墙工作原理

（a）冬季白天；（b）冬季夜晚；（c）夏季白天；（d）夏季夜晚

百叶，墙体则向室内辐射供暖，夏季情况正好相反。夏季白天和夜晚分别如图 8-33（c）和（d）所示。有研究表明，特朗伯墙在 400~500mm 是最适宜的厚度，此时室内温度波动最小。特朗伯墙在冬、夏两季以及白天、夜晚的工作运行原理及要求均有所差别。[9]

8.5.4 技能要求

（1）常用温度测量与数据采集仪表的使用。

（2）功率与效率的分析。

8.5.5 注意事项

（1）防止触电、防烫伤。

（2）防止由于环境干扰、测量误差等因素造成测量数据不准确。

（3）防晒、防中暑。

8.5.6 任务实施

8.5.6.1 测试环境与设备构建

实验装置由两间外围护结构尺寸完全相同的热箱构成（可用集装箱改造）。外围护结构尺寸如图 8-34 所示，窗户采用 5mm 厚普通白玻璃双层窗，窗户面积 1.2m×1.2m；双层玻璃间空气层厚度为 50mm；墙体及顶和地板均采用夹芯钢板，钢板厚度为 1mm，内、外保温墙为轻质墙体，内保温墙壁厚 50mm，外保温墙壁厚 100mm，导热系数为 0.035W/m·K。Trombe 墙由玻璃盖板、空气夹层、轻质墙体组成。玻璃盖板和框架之间的缝隙由硅胶密封，铝合金支撑框架，框架外侧用 50mm 厚的橡塑绝热材料包裹，绝热材料外用铝箔覆盖，铝合金支撑框架的侧面为可拆卸的，框架用螺钉固定于保温墙体上，所对应的墙体部分采用亚光漆涂层涂黑，其结构示意图如图 8-35 所示。

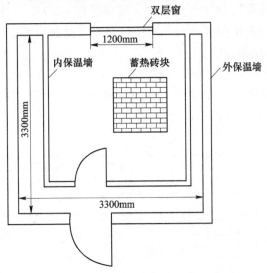

图 8-34 Trombe 试验热箱平面结构图

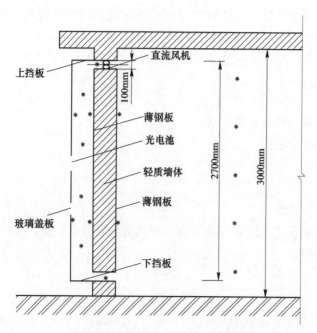

图 8-35　Trombe 墙体试验结构示意图

由于窗户的存在，Trombe 墙的面积仅为 2.7m×0.85m。轻质墙体上通风口安装直流风机，风机额定电压为 12V，额定电流为 0.45A，额定功率为 5.4W，最大风量为 2.34m³/min。直流风机的电源由一块功率为 10Wp 的多晶硅光电池板提供，该光电池板竖直放置于南向墙面。

8.5.6.2　测试数据

测量系统包括温度测量、辐射测量。

（1）温度测量：采用固定冰点补偿法（测量精度±0.2℃），使用若干铜—镍铜热电偶，对 Trombe 墙体空气夹层温度、上下通风口温度、测试热箱室内温度及环境温度进行测量，其中室外测温热电偶置于百叶箱中。

（2）辐射测量：使用阳光 TBQ-2 总辐射表，端面与 PV-Trombe 墙体端面平行。

（3）数据采集。使用 Agilent34970A 数据采集仪和计算机，采集并记录上述温度值。以 30min 为间隔，将部分数据填入表 8-1。

表 8-1　测试数据

时间 /30min	空气夹层温度 /℃	上通风口 温度/℃	下通风口 温度/℃	热箱室内 温度/℃	太阳入射功率 /W·m⁻²	环境温度 /℃
1						
2						
3						
4						
5						

时间/30min	空气夹层温度/℃	上通风口温度/℃	下通风口温度/℃	热箱室内温度/℃	太阳入射功率/W·m^{-2}	环境温度/℃
6						
7						
8						
9						
10						
11						
12						
13						
14						
15						
16						
17						
18						
19						
20						

8.5.6.3 实验分析

对数据进行对比分析，分析蓄热砖块，通风口开闭以及直流风机对系统的影响。

（1）热箱内有蓄热砖块（砖块数量 400，砖块比热 960J·kg^{-1}·K^{-1}，密度 2500kg·m^{-3}），上通风口有直流风机。

（2）热箱内有蓄热砖块，上通风口无直流风机。

（3）热箱内无蓄热砖块，上通风口有直流风机。

（4）热箱内无蓄热砖块，上通风口无直流风机。

（5）热箱内有蓄热砖块，上下通风口 24h 开启，上通风口有直流风机。

（6）热箱内有蓄热砖块，上下通风口 24h 开启，上通风口无直流风机。

每次测试时间为连续三天（或四天）晴天，每隔 5min 采集一次数据。在工况（1）～（4）下，上下通风口在 9：00 打开，在 17：00 关闭。

8.5.6.4 结论

（1）无论在上通风口是否安装直流风机，Trombe 墙都可以显著改善室内热环境；在实际应用中，重质墙体良好的蓄热能力，将会使 Trombe 墙对室内热环境的改善更加显著。

（2）在上通风口安装直流风机后，上下通风口温差降低，Trombe 墙空气夹层的热量会更快地被带入室内，可以加快对室内热环境的改善。

8.6 任务汇报及考核

（1）怎样解决图 8-36 所示的分布式热水系统乱象。

图 8-36 分布式热水系统乱象

发现问题所在：

_____

_____

_____

怎样解决这个问题？

_____

_____

（2）列举图 8-37 所示的生态建筑设计图中所用到的绿色节能技术。

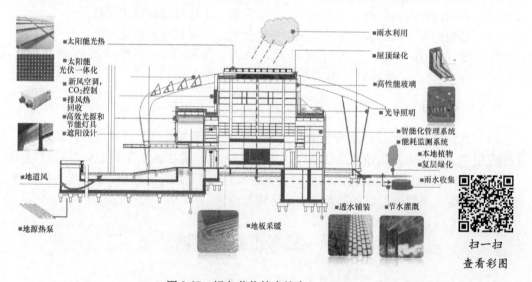

图 8-37 绿色节能技术综合

考核：

_____

_____

_____

有没有补充？

_____

_____

_____

8.7　思考与提升

制约太阳能建筑应用的主要原因如下所述。

据中国建筑报记者调研[10-11]，三个原因造成目前建筑设计单位设计动力不足。一是设计单位还不具备足够的太阳能系统知识。建筑设计主要包括建筑、结构、给排水、暖通空调、电气、总图等几部分内容，并没有太阳能设计的单独部分。二是目前中国建筑设计实施责任制，建筑设计出现问题，会由设计总负责人和设计单位共同承担法律责任，这使得设计师在设计时会选择尽量不用不熟悉的太阳能系统。三是太阳能系统的设计部分没有相应的设计费用，影响设计师的积极性。因此，目前太阳能系统的设计主要还是由生产企业完成的。

中国房地产开发商对建筑中使用光热系统的热情不高的主要原因有四个方面。一是住宅区为业主提供生活热水尚未成为必备，这并不是一个建筑不可缺失的部分。二是太阳能既能成为销售卖点也能引起购房者不满。太阳能利用得好，能使建筑绿色节能，使得楼盘增值；但如果太阳能技术、资金等方面的不足造成供水量不足、安全存在隐患、维修不及时等问题，必将引起消费者的不满。三是光热生产企业的技术水平和所用材料参差不齐，使得光热系统的寿命长短不一。房地产开发商缺乏相关的太阳能知识，无法选择适合建筑的光热产品，因此不愿采用光热系统。四是由于光热系统受自然环境影响很大，很难保证一年四季24h都能产生热水，因此需与地源热泵热水器、电热水器、燃气热水器等其他形式结合使用，而仅用其他形式的热水器就已经可以满足用户的需要，没有必要一定安装太阳能热水系统。由于以上四个原因，除了实施强制安装政策省份的开发商会安装太阳能系统，其他地区的开发商都选择尽量不安装；即使安装，也会从经济效益出发，选择便宜的产品。

8.8　练 习 巩 固

（1）名词解释：BIPV、生态建筑、Trombe 墙。

（2）简答题。

1）主动式太阳房的核心部件包括哪些？

2）被动式太阳房有什么办法增大太阳能集热面积？

3）从网络查询在建筑上可以使用的蓄热材料。

（3）设计题。

发挥你的想象力，请为住在森林边沿的光头强设计一个造型精美的太阳能建筑简图。

参 考 文 献

［1］张华．城市建筑屋顶光伏利用潜力评估研究［D］.天津：天津大学，2017.

［2］胡毅．超低能耗建筑设计方法与典型案例研究［J］.建材发展导向，2018（7）：67-67.

［3］冯为为．那些千奇百怪的太阳能建筑［J］.节能与环保，2016（4）：72-73.

［4］陆刚．探析地源热泵的结构特点及其运用［J］.洁净与空调技术，2018（2）：65-71.

［5］郝红，付晓晨，冯国会，等．太阳能-地源热泵与热网互补供暖系统的仿真性能研究［J］.流体机械，2014（9）：61-65.

［6］李菊香．地源热泵、太阳能与低温热水地板辐射供暖系统的联合运行方式.吉林省土木建筑学会2010年学术年会论文集［C］.吉林省土木建筑学会，2010：5.

［7］蒋斌，易桦，汪睿．带有太阳能微型直流风机的 PV-Trombe 墙体实验研究［J］.建筑科学，2008（6）：45-48.

［8］季杰，蒋斌，陆剑平，易桦，何伟，裴刚．新型 PV-Trombe 墙的实验［J］.中国科学技术大学学报，2006（4）：349-354.

［9］易桦．新型 PV-Trombe 墙系统的理论与实验研究［D］.合肥：中国科学技术大学，2007.

［10］黄俊鹏．我国太阳能热利用市场的转型［J］.太阳能，2018（12）：9-19.

［11］刘月月．我国太阳能热利用产业步入新常态［N］.中国建设报，2015-12-07（7）.

项目 9　太阳能储存及工农业利用

太阳能储存是想办法把阳光充足时的太阳能储存起来，一方面可以消除太阳能受到云遮挡等不稳定因素，另一方面也可以供夜晚或者阴雨天气无阳光时使用，还有就是利用太阳能制氢等手段，可以实现太阳能在汽车上的移动式应用。储热的方式多种多样，主要分为显热储热、潜热储热、化学储热三种类型。

太阳能在工农业中的应用很广泛，在海水淡化、太阳能暖棚、工业发电预热、工业热水预热以及干燥等方面都有良好的经济与环境保护价值。

9.1　知识点　显热与潜热储存

如图 9-1 所示，显热蓄热是利用储热媒介的热容量进行蓄热，如把 20℃ 的水加热到 80℃。把利用太阳能处理过的高温或低温变换的热能储存起来加以利用，具有化学和机械稳定性好、安全性好、传热性能好等优点，缺点是单位体积的蓄热量较小、温度稳定性差，很难保持在一定温度下进行吸热和放热。水的单位质量的热容量相当高，1kg 水可储存 4.18kJ/℃ 的热能，金属铜、铁、铝的比热容相对小得多，分别为 3.73kJ/℃、3.64kJ/℃、2.64kJ/℃，固体岩石约为 1.7kJ/℃，但是取用方便且价格便宜，因而在建筑上使用。例如：在建筑设计时采用碎石做成堆积床蓄热，可以储存部分热能，达到节能效果。[1]

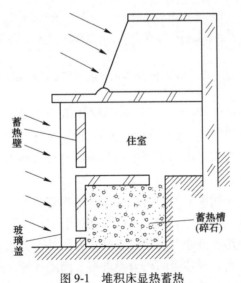

图 9-1　堆积床显热蓄热

对固体显热蓄热材料来说，其单位质量的储能密度的计算式可以用下式来表示

$$Q_S = \int_{T_0}^{T_S} C_{SS} \mathrm{d}T \tag{9-1}$$

式中　T_0，T_S——起始和终止温度；

　　　　C_{SS}——比热容。

潜热蓄热利用相变材料（PCM）相变时单位质量（体积）的潜热蓄热量非常大的特点，把热量储存起来加以利用。一般具有单位重量（体积）蓄热量大、在相变温度附近的温度范围内使用时可保持在一定温度下进行吸热和放热，化学稳定性和安全性好，但相变时液固两相界面处的热传导效果较差。[2]

潜热储热（Latent Thermal Energy Storage，LTES）或称相变储能，它是利用物质在物态变化（固—液、固—固或汽—液）时，单位质量（体积）潜热蓄热量非常大的特点把热能储存起来加以利用。对比显热储热，潜热具有更大的优势。图 9-2 所示为水在不同状态下的显热与潜热比较。由图 9-2 可知，冰融化过程 BC 段和水汽化过程 DE 段的热量比升温过程 AB、CD 和 EF 要高很多，而且在此过程中，温度保持恒定。

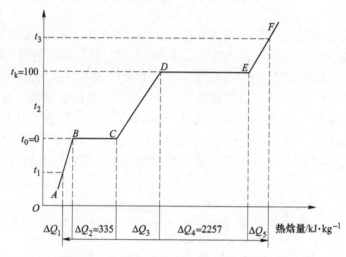

图 9-2　不同状态下水的显热与相变潜热比较

相变材料（Phase Change Material，PCM）是利用潜热蓄放热的这类物质，我们称它们为相变储能材料。相变储能技术（phase change energy storage technology）是采用相变储热方式，利用特定的装置，将暂时不用或多余的热能通过相变材料储存起来，需要时再利用的方法称为相变储能技术。[3]

相变材料按相变方式一般可分为四类：①固—固相变材料。②固—液相变（熔化、凝固）材料。③液—汽相变（汽化、液化）材料。④固—气相变（升华、凝聚）材料。一般说来，从①到④相变潜热逐渐增大。但由于第③类和第④类相变过程中有大量气体，相变时物质的体积变化率很大，对装置的压力要求高，因此尽管这两类相变过程中相变潜热很大，但是很少被实际使用。表 9-1~表 9-3 分别是部分常用无机水合盐、熔融无机盐和有机材料的热物理性能。[4]

表 9-1　部分常用无机水合盐相变材料的热物性能

无机水合盐	熔点/℃	潜热/J·g⁻¹	密度/g·m⁻³		比热/J·(g·K)⁻¹	
			固	液	固	液
$KF \cdot 4H_2O$	18.5	231.0	1.45	1.45	1.84	2.39
$Na_2CO_3 \cdot 10H_2O$	33	247	1.46	—	1.88	3.34
$Na_2S_2O_3 \cdot 5H_2O$	50	201	1.75	1.67	1.48	2.41
$NaOAc \cdot 3H_2O$	58.5	226	1.45	1.28	2.79	—
$NH_4Al(SO_4)_2 \cdot 12H_2O$	94.5	259	1.64	—	1.706	3.05
$Na_2SO_4 \cdot 10H_2O$	32.4	254	1.48	—	—	—
$CaCl_2 \cdot 6H_2O$	29.6	174	1.80	1.49	—	—

表 9-2　部分单元熔融无机盐相变储能材料的热物性能

相变材料	熔点/℃	密度/g·cm⁻³	比热（固）/J·(g·K)⁻¹	潜热/J·g⁻¹
LiF	848	2.295	1.536	1035
NaF	995	2.558	1.114	789
NaCl	891	2.165	0.839	486
Na_2SO_4	884	2.779	0.958	169.5
KCl	776	1.984	0.681	346

表 9-3　部分有机相变储能材料的热物性

相变材料	熔点/℃	密度/g·cm⁻³	潜热/J·g⁻¹	导热系数/W·(m·K)⁻¹
石蜡	-12~75.9	0.750~0.782(70℃)	225.7~267.5	0.012~0.016
癸酸	31.5	0.886（40℃）	153	0.149
棕榈酸	62.5	0.847（80℃）	187	0.165（70℃）
硬脂酸	70.7	0.941（40℃）	203	0.172（70℃）

对于潜热蓄热材料来说，其单位质量的蓄热密度的计算式可以用下式表示

$$Q_l = \int_{T_0}^{T_{sf}} C_{lS} \mathrm{d}T + \Delta H_{lf} + \int_{T_{sf}}^{T_S} C_{ll} \mathrm{d}T \tag{9-2}$$

式中　T_0，T_{sf}，T_S——起始、显热和终止温度；

　　　　ΔH_{lf}——潜热；

　　　　C_{lS}，C_{ll}——液态和气态时的比热容。

某电热相变储能热水热风联供装置（锅炉）和系统照片如图9-3所示。

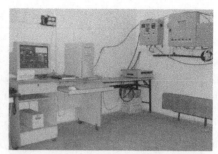

图 9-3　电热相变储能热风和热水热风联供系统案例

扫一扫
查看彩图

　　蓄能建材是相关储热的一个重要领域，有关资料显示，社会上一次能源总消耗量的 1/3 用于建筑领域。提高建筑领域能源使用效率，降低建筑能耗，对于整个社会节约能源和保护环境都具有显著的经济效益和社会效益。利用相关储能建材可有效利用太阳能来蓄热或电力负荷低谷时期的电力来蓄热或蓄冷，使建筑物室内和室外之间的热流波动幅度减弱、作用时间被延迟，从而降低室内的温度波动，提高舒适度，节约能耗。相变蓄能建材如图 9-4 所示。[5-7]

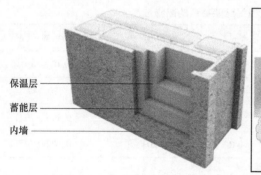
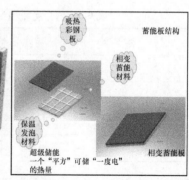

图 9-4　相变蓄能建材

扫一扫
查看彩图

9.2　知识点　化学储热

9.2.1　化学能热储存

　　化学能热储存是利用两种或多种储热材料接触融合时发生化学反应，然后通过这种化学能与热能的转换把热能储藏起来。化学方法是一种高能量、高密度的储能方式，它的储能密度一般都高于显热和潜热储存，而且此种储能体系通过催化剂或产物分离方法极易用于长期能量储存。但是在实际使用时，化学反应的物质一般具有腐蚀性、易燃性或其他缺陷，使得化学储能存在技术复杂、一次性投资大、性价比低、环境不太友好以及整体效率低等缺点。

选择化学储能材料的标准比较高。要求反应热效应大；反应温度合适；无毒、无腐蚀，不易燃易爆；价格低廉；反应不产生副产品；可逆化学反应速率要适当，以便于能量存入与取出；反应时材料的体积变化要小；对相关结构材料无腐蚀性。[8]

9.2.2 化学储能材料的种类及其储能原理

9.2.2.1 结晶水合物蓄热

这是在低于其熔点的温度下，使水合盐全部或部分脱去其结晶水，利用在脱水过程中吸收的水合热来实现热量的储存。当需要回收热量时，把脱去的水与脱水盐接触即可实现。

例如

$$Na_2S \cdot nH_2O(固) + \Delta H \Longleftrightarrow Na_2S(固) + nH_2O(气) \qquad (9-3)$$

类似的化学储热体系还有 $MgCl_2$-H_2O、H_2SO_4-H_2O、$NH_4Al(SO_4) \cdot 12H_2O$ 等，在许多情况下，这种水合热比溶解热高很多。表 9-4 所示为几种材料在 27~62℃ 之间的储热能力。[9-10]

表 9-4 几种材料在 27~62℃之间的储热能力

材料	水合热 $\Delta H/kJ \cdot kg^{-1}$	比热容 $C_p/kJ \cdot kg^{-1} \cdot K^{-1}$	储热密度 $E/kJ \cdot m^{-3}$	比储热密度 $e/kJ \cdot m^{-3} \cdot K^{-1}$
水	146	4.18	146000	418
石蜡	167~250	4.6~7.1	104500~209000	2939~5852
芒硝+33%水	221	6.3	287200	8581
$NH_4Al(SO_4)_2 \cdot 12H_2O \cdot NH_3NO_3$	210~250	6.7	24700~37600	9614~10450

9.2.2.2 无机氢氧化物

无机氢氧化物的脱水反应也可用来储存热量。

$$Mg(OH)_2 + 热 \Longrightarrow MgO + H_2O \qquad (9-4)$$

脱水温度范围为 375℃ 左右。

$$Ca(OH)_2 + 热 \Longrightarrow CaO + H_2O \qquad (9-5)$$

脱水温度范围为 550℃ 左右。

放热：只需加水就可取出储存的能量。

但由于无机氢氧化物和水合物相比有较强的腐蚀性，并且和含 CO_2 的空气相互作用，稳定性很差，故目前在储热中应用较少，有待进一步研究。表 9-5 所示为一些氢氧化物的脱水焓和脱水温度。

表 9-5　一些氢氧化物的脱水焓和脱水温度

无机氢氧化物	脱水焓 $\Delta H/kJ \cdot kg^{-1}$	脱水比热容 $C_p/kJ \cdot kg^{-1} \cdot K^{-1}$	脱水温度 $T/℃$
LiOH	132.8	2760	925
Be(OH)$_2$	54.3	3567	138
Mg(OH)$_2$	116.2	1400	200
Ca(OH)$_2$	108.1	1459	580
Sr(OH)$_2$	135.2	1111	375
Ba(OH)$_2$	154.2	899	408
Fe(OH)$_2$	57.8	643	150
Ni(OH)$_2$	64.7	698	290

9.2.2.3　金属氧（氢）化物

如：

$$4 KO_2 + 热 === 2K_2O + 3O_2 \tag{9-6}$$

反应温度范围为 300~800℃，分解热为 2.1MJ/kg。

又如：

$$2 Pb_2 + 热 === 2PbO + O_2 \tag{9-7}$$

反应温度范围为 300~350℃，分解热为 0.26MJ/kg。

另外，$LaNi_5$ 的氢化反应热约为 210kJ/kg，而镁的氢化反应热高到 3182kJ/kg。

9.2.2.4　复合蓄热材料

另外一种化学储热材料是将结晶水合盐填充到多孔材料中形成的复合材料，这种复合材料是在各种多孔材料，如硅胶、氧化铝及其他聚合物、金属和含碳的多孔材料中填充选定类型的结晶水合物而制得。

如 $CaCl_2 \cdot 6H_2O$ 硅胶复合材料，在重量百分比为 70% 时，仅水的蒸发就可以使储热材料提供 1580kJ/kg 的储热量。这种材料的工作温度范围为 20~80℃，适宜非聚光太阳能热储存。

9.3　知识点　太阳能工业热应用

9.3.1　中国工业太阳能热应用潜力

我国工业蓬勃发展，对能源的需求非常大，其中在加热方面的能量消耗是一个重要的方面，图 9-5 所示为食品、塑料、玻璃、化工等各行业所需的加热温度，工业用热温度大部分在 60~250℃ 之间，利用太阳光直接加热或者聚光加热的方式，可以达到上述的温度，达到节能的目的，为工厂节约能源方面的开支。

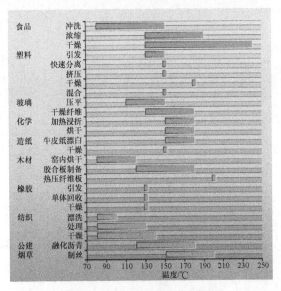

图 9-5　工业加热所需的温度

扫一扫
查看彩图

　　在工业温度超过 100℃时，可以利用两级加热方式，首先用中温集热管、CPC 反光板等技术，通过聚焦吸收更多的太阳热能，将 15℃左右的冷水加热至 95℃，为燃煤锅炉提供预热热水；然后再由锅炉将 95℃热水加热成 150℃蒸汽，此举突破了普通集热器的低温限制，解决了太阳能中高温工业热利用的技术瓶颈。

　　例如，力诺瑞特太阳能的某个项目，其工业热力系统集热采光面积为 5200m²，每年可节约标煤 1156t，减排二氧化碳 3000t，系统寿命为 10~15 年，4 年即可收回成本，充分体现了节能省地、循环利用的低碳环保理念。利用太阳能光热技术可以取得良好的节能减排效益，在"碳达峰、碳中和"背景下，各项光热技术得到了充分的重视，预计到 2030 年，以 10%太阳能替代估算，带来的节能减排效益如图 9-6 所示。[11]

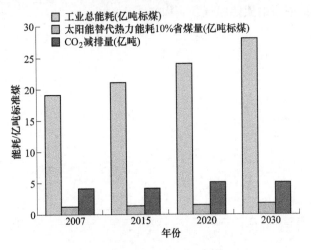

图 9-6　太阳能工业热应用节能减排效益

扫一扫
查看彩图

　　太阳能的使用分为非聚光和聚光两大类，主要的使用分类如图 9-7 所示。

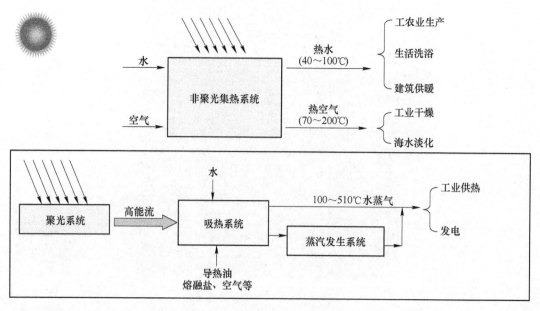

图 9-7　太阳能工农业应用分类

9.3.2　工业锅炉预热应用

我国目前在用燃煤工业燃煤锅炉 47 万余台，每年消耗标准煤约 4 亿吨，约占我国煤炭消耗总量的 1/4；排放 CO_2 约占全国排放总量的 10%，占全国排放总量的 21%。全国锅炉若都能与太阳能结合，一年就节约原煤约 4000 万吨，减排 CO_2 约 8000 万吨。图 9-8 所示为太阳能工业锅炉预热系统结构与实物图。

太阳能集热系统提供 60℃ 以上预热温度，如果采用高效的内聚光集热器，温度可达80℃ 以上，如图 9-9 所示。由外管、内置反射镜、真空夹层、选择性吸收膜层和内玻璃管等部分组成，阳光入射后的聚焦原理和实物如图 9-8 所示。

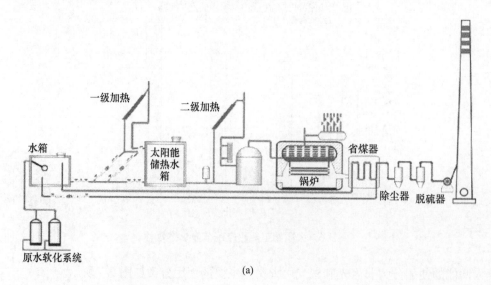

(a)

(b)

图 9-8 太阳能锅炉预热

（a）结构示意图；（b）实物图

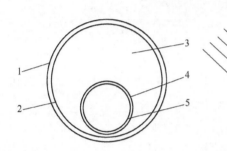

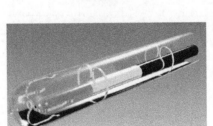

图 9-9 内聚光真空管结构

1—外管；2—内置反射镜；3—真空夹层；4—选择性吸收膜层；5—内玻璃管

扫一扫
查看彩图

真空管内管外壁的吸收膜层将接收到的太阳辐射能转化为热能，通过热传导将热能传递给管内的传热工质，使传热工质温度上升；传热工质再将热量向管外输出以满足热量的需求。外管内壁的反射弧面将更多的光线反射至内管，以提高真空管的集热量。

9.3.3 纺织印染业

在印染业，应用太阳能提高生产效率 20%~25%，其原理是利用太阳能把水预热到 55℃后再用蒸汽加热，可加快热水升温，提高生产效率 20% 以上，不必增加生产设备就可增加产能。在环保方面，减少蒸汽用量就可减少燃煤，从而减少 CO_2、SO_2 等废气排放。夏季阳光强烈，车间屋顶温度高达 50℃，导致染厂车间高温，太阳能集热器装在车间屋顶可起到隔热作用，有助于降低车间环境空气温度 5~10℃。

纺织印染工序如图 9-10 所示，其中的煮炼、漂白、酸洗、水洗等环节都要加热。

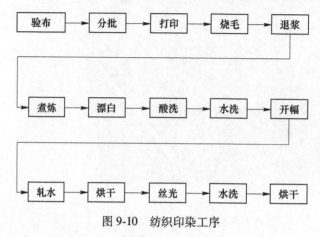

图 9-10 纺织印染工序

太阳能纺织印染结合原理如图 9-11 所示。

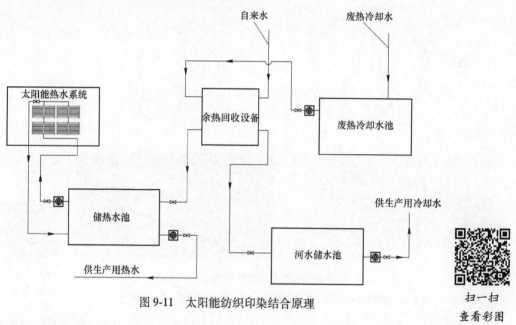

图 9-11 太阳能纺织印染结合原理

9.3.4 食品饮料行业

中低温热应用正是太阳能热水装置的强项。佛山某酱油企业工业用水，每天用水约为 3000t，为了能够满足氨机蒸发器和暖水机器的正常使用，需要将氨机蒸发器水箱温度控制在 26~28℃ 的范围，将暖水机器水箱内的水控制在 35℃ 左右。另外，某 CPC 中温太阳能工业热力系统，集热器总安装面积 8400m², 采光面积 5200m²，CPC 中温集热器 95℃ 时平均效率为 60%，日均提供 95℃ 热水 138t。图 9-12 所示为屋顶热水系统。

扫一扫
查看彩图

图 9-12　屋顶太阳能热水系统

9.4　知识点　农业和畜牧业太阳能热利用

9.4.1　太阳能干燥热利用

太阳热能可广泛用于干燥农产品、工业产品和海产品等需要能量用于水分蒸发的场景，如图 9-13 所示。

扫一扫
查看彩图

图 9-13　太阳能热干燥

太阳能热干燥过程主要跟温湿度和系统形式有关，可以是封闭系统、半封闭系统和开放系统。其中某封闭系统实测的出风口温度和太阳辐射强度关系曲线如图 9-14 所示。

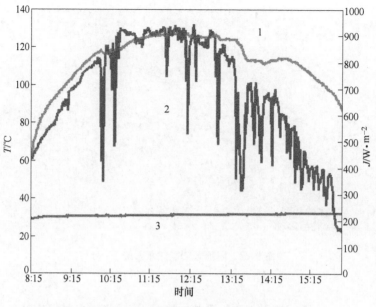

图 9-14 实测出风口温度和太阳辐射强度关系曲线

1—出口温度；2—太阳辐射强度

太阳能热干燥基本原理如图 9-15 所示。

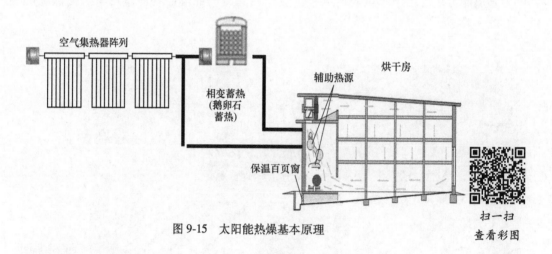

图 9-15 太阳能热燥基本原理

9.4.2 畜牧养殖行业

畜牧业牲畜用水、挤奶消毒、鱼苗育苗都可以使用太阳能，如图 9-16 所示。其中奶牛场综合方案如图 9-17 所示。

奶牛场方案中，太阳能与沼气发生器耦合，可以保证沼气发生器全天候高效运行，太阳能集热器收集太阳能量输送到沼气发生装置，调节温度，保证在外部气温较低的条件下厌氧反应正常进行。其工作原理如图 9-18 所示。

图 9-16 畜牧养殖业太阳能应用场景

扫一扫
查看彩图

图 9-17 奶牛场太阳能综合方案

扫一扫
查看彩图

9.4.3 相变蓄能在工农业的应用

9.4.3.1 蓄能安全仓

在原有煤矿安全避难舱结构的基础上，内表面装上蓄能材料板，椅子下装蓄能球。蓄能材料为 25 号相变蓄能材料，相变潜热 360kJ/L。此蓄能材料具有相变潜热高、导热系数大、性能稳定的特点，蓄能材料的维持温度的工作原理是：当室内温度小于 25℃

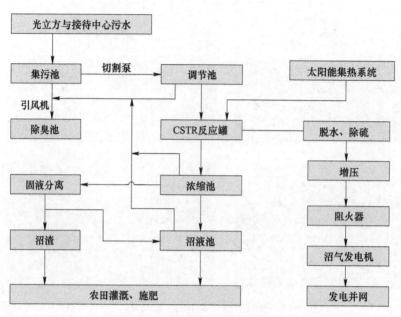

图 9-18　太阳能和沼气结合原理

时，蓄能材料开始放热的同时从液态变为固态。当温度超过 25℃时，蓄能材料开始吸热的同时从固态变为液态。在通常情况下，安全避难舱内温度控制是靠制冷机组对舱内进行降温，舱内温度控制在 15℃左右，这时蓄能材料开始放热，从液态变为固态。在紧急避难的情况下，制冷机无法进行工作，舱内的人体会不断散发热量，当舱内的温度高于 25℃时，蓄能材料开始吸取大量的热，发生相变，从固态变为液态，由于此种材料相变潜热大，在无电情况下，可以维持舱内 33℃以下 100h。蓄能安全舱原理与实物如图 9-19 所示。

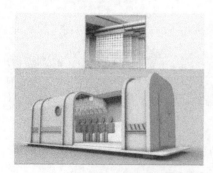 

图 9-19　蓄能安全舱

扫一扫
查看彩图

9.4.3.2　相变蓄能在工农业的应用之二：温室大棚

相变材料与温室大棚结合如图 9-20 所示。通过相变材料的吸热放热，可以更好地调节大棚的温度，达到节能的效果。

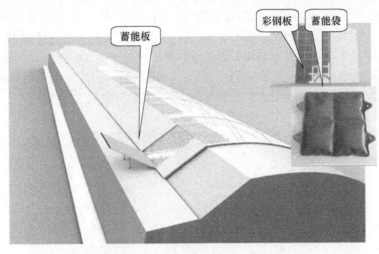

图 9-20 相变材料在温室大棚应用

扫一扫
查看彩图

9.5 实 验 任 务

9.5.1 任务描述

太阳灶组装与实验。

9.5.2 所需工具仪器及设备

（1）太阳灶、太阳镜或者护目镜。
（2）锅碗瓢盆等炊具和方便面等食材。
（3）太阳辐射功率计（自动采集）、温度采集仪、天平或称重计。

9.5.3 知识要求

（1）了解太阳灶的工作原理。
（2）了解光反射、聚焦等知识。

9.5.4 技能要求

根据手册安装太阳灶，并设置合理的方位角和倾斜角，保证灶的反射面合理聚焦在锅上，能看懂安装手册并实施。

9.5.5 注意事项

（1）防火。
（2）防止烫伤和灼伤。

9.5.6 任务实施

9.5.6.1 了解太阳灶

太阳灶是利用太阳辐射能，通过聚光、传热、储热等方式获取热量，进行炊事烹饪食

物的一种装置。如图 9-21 所示，太阳灶是较成熟的产品，按照每平方米 1000W 的太阳能
入射功率和 60% 左右的吸收效率计算，一台 2m² 左右的太阳灶功率将达到 1200W，其正常
使用时比蜂窝煤炉还要快，基本和煤气灶速度一致。近二三十年来，世界各国都先后研制
生产了各种不同类型的太阳灶。在发展中国家，太阳灶受到了广大用户的好评，并得到了
较好的推广和应用。太阳灶在野外和燃料缺乏的农村具有很大的实用价值。[12-14]

扫一扫
查看彩图

图 9-21　太阳灶

　　太阳灶具有良好的经济效益和社会效益，截光面积为 2m² 的太阳灶，使用 300～600h/
a，一般每年可节柴 600～1000kg，在西藏地区，每台太阳灶每年可节省燃料费 600 元左
右；使用太阳灶省下的秸秆，部分作为有机质肥还田，增加了土地抗旱保墒能力。
　　太阳灶有箱式（见图 9-22）、抛物面式（见图 9-23）、漏斗式、热管式（见图 9-24）
等形式，其中箱式利用黑体辐射原理，容易制造，不需要跟踪太阳；抛物面式太阳灶效率
更高，成本也更高，但易有危险，容易发生烫伤和灼伤；漏斗式太阳灶效率更高，也
安全。

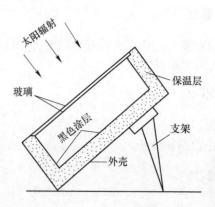

扫一扫
查看彩图

图 9-22　箱式太阳灶

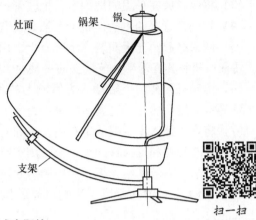

灶面　锅架　锅

支架

扫一扫
查看彩图

图 9-23　抛物面式太阳灶

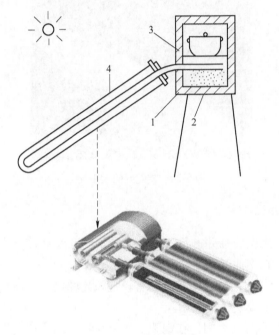

3

4

1　2

图 9-24　热管式太阳灶

1—散热片；2—蓄热材料；3—绝热箱；4—热管式真空绝热管

扫一扫
查看彩图

9.5.6.2　根据安装手册安装太阳灶

安装步骤如下所述。

（1）选择一处平坦地面，将 6 块集光板反光面向下摆成一圆形，然后用 M6×15 的圆头螺钉把 6 块集光板组成一个整体，并拧紧螺钉，从内向外的第三圈螺钉孔是用来固定方管圈的，此时先不要拧入螺钉。

注意：在组装时一定要保护集光板的反光膜。

（2）将方管圈用 M6×15 的螺钉固定在集光板上，固定时应使方管圈和集光板紧密接触，拧紧螺钉。

（3）将底座放在平坦的地面上，把套管拧入底座中心的螺孔中，并拧紧。

（4）拧松套管上的手柄，将十字架有长孔的一侧插入套管内。

（5）两人抬起集光板安装在十字架上，用开口销固定；

注意：须将具有滑竿调节装置的一端向上。

（6）滑动杆无孔的一端插入方管圈上的长孔内，把另一端伸入十字架的长孔内，用 M8×35 螺钉固定，然后一边调节螺母一边上下活动集光板使其松紧合适。

（7）将弯管插入十字架的上孔内，连同支撑杆起用 M6×35 螺钉固定。

（8）安装灶圈和支撑杆的另一端，用螺钉固定。

（9）一边左右转动集光板，一边调节底座套管上的手柄，使其松紧合适。

（10）将太阳灶放在避风不影响采光的地方，将底座固定，此时太阳灶已组装完毕。装配好的太阳灶如图 9-25 所示。

扫一扫
查看彩图

图 9-25　装配好的太阳灶

9.5.6.3　使用太阳灶

认真阅读太阳灶使用说明书并进行炊煮食品作业，可以是煎蛋、蛋炒饭，或者是简单的煲汤或者煮方便面，在作业过程中注意以下事项。

（1）太阳灶应在晴朗的天气或是有云但有较强阳光的条件下使用，且反射面上不得落有物体的阴影，阴雨天及夜晚不能使用。

（2）使用时先将灶面对准太阳，在锅架上放上炊具，然后拧动手柄，调节反光面的仰角，使光团射落在锅圈的中央（即锅底、壶底）。可以先用纸板或木板放在灶圈上，调整锅面，使其焦斑处于锅圈中心。

（3）根据太阳方位的不同，使用过程中，一般每隔 5~10min 进行一次跟踪调整，使光斑始终落在锅底。光斑的能量密度高，调整时要注意不要照到人的身体或其他易燃物品上，最好在集光板背面操作。

（4）反光面上的反光膜不能用硬物或化纤布擦拭，以免使反光膜受损，要求用毛巾或软棉布轻轻擦拭，在清除油污时在水中加适量洗涤灵效果更好，擦拭时应从上向下纵向进行。反光膜有局部破损的要及时用备用膜补齐。

（5）太阳灶所使用的灶具底部要涂黑，用柴草熏黑或是用墨汁涂黑，以提高吸热能力，空锅切忌放在灶上，以免烧坏锅底。

（6）不使用时最好将灶面背向阳光或远离易燃物。距太阳灶两米的范围内不得放置易燃物品，以免在特定条件下引起火灾。太阳灶不用时用罩子罩上（罩子可用布缝制），既解决了可能发生的隐患，同时又大大延长了太阳灶的使用寿命。

（7）对太阳灶的金属部件，如丝杆、丝杆螺母等处要一两个月进行一次润滑养护，使其操作方便、灵活。

（8）较长时间不使用太阳灶时，请将太阳灶拆卸或是移到阴影且能避开风雨的地方，以减缓自然力对太阳灶的长期使用。

（9）太阳灶的光斑是一个积热的光团，中心温度可达800℃以上，放在光斑上的木条、纸张会被立刻点燃。因此，请勿用手或是人体任何部位来检验光斑的温度，以免灼伤。

（10）在做米饭或是烙饼时，要防止光斑温度过高烧穿锅底（特别是铝制锅具）。此时应在光斑处先盖上一块铁片，以使热量的传递更均匀，或是通过调节锅圈的高度使光斑散大，温度降低。

9.5.6.4 实验结论及拓展分析

估算太阳灶的热效率。

（1）利用天平或称重计测量锅中水的重量。

（2）利用太阳辐射计持续测量太阳能入射功率。

（3）利用温度计持续测量锅中的水温，特别注意初始水温和沸腾的时间点。

（4）利用公式。

$$\eta = C \times m \times (T_{end} - T_{org}) / \sum_{t1}^{tn} G_{on} \times t \tag{9-8}$$

式中　η——估算的太阳灶热效率，%；

C——水的比热容，J/(kg·K)；

m——水的质量，g；

T_{end}——沸腾时的温度，℃；

T_{org}——加热时的初始温度，℃；

G_{on}——太阳能入射功率，W/m^2；

t——功率作用时间，s。

9.6　任务汇报及考核

（1）太阳灶实验数据采集与分析。

填写数据采集表9-6。

表9-6　太阳灶加热实验数据表

水的重量		水的质量	
初始温度		沸腾温度	
时间/min	温度/℃	入射功率/W·m^{-2}	效率
1			
2			
⋮			
n			

结论：

考核：太阳灶的效率和哪些因素有关？

太阳灶的总体效率大概是：

（2）图9-26为某干燥房结构示意图，请分析其工作机理，怎样优化才能提高效率。

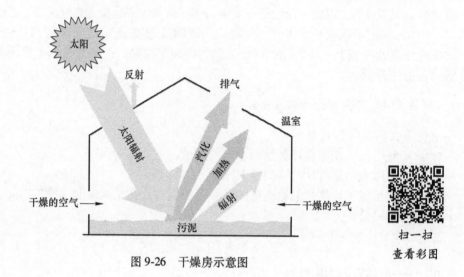

图9-26　干燥房示意图

工作机理：[　　　　　　　　　　　　　　　　　　　　　　　　　　　　　　　　]
优化措施：[　　　　　　　　　　　　　　　　　　　　　　　　　　　　　　　　]

9.7　思考与提升

（1）图9-27为一种太阳能与热泵结合的干燥装置结构示意图，请分析其技术优势。

考核：[　　　　　　　　　　　　　　　　　　　　　　　　　　　　　　　　　]

（2）请浏览太阳灶有关的技术网站。

1）国际太阳灶协会。

2）太阳灶之家。

你个人认为太阳灶的应用前景如何，有哪些新的技术动态？

考核：[　　　　　　　　　　　　　　　　　　　　　　　　　　　　　　　　　]

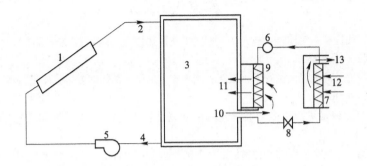

图 9-27　太阳能与热泵结合的干燥装置结构示意图

1—集热器；2—热空气；3—干燥室；4—回风；5—风机；6—压缩机；7—蒸发器；8—膨胀阀；9—冷凝器；
10—来自干燥室湿空气；11—经冷凝器的干热风；12—外界空气；13—排出冷风

9.8　练习巩固

（1）名词解释：潜热、焓、相变。

（2）填空题。

1）主要的蓄热材料的制备技术和方法：_____ 和 _____。

2）在许多情况下，化学储热中，水合热比 _____ 高很多。

3）热能储存的三种常用方式：_____、_____ 和 _____。

4）全国农村作为能源的秸秆消费量约 3 亿吨，大多处于低效利用方式，即直接在柴灶上燃烧，其转换效率仅为 _____。

5）太阳灶的基本原理可归结为收集阳光（Collect the light）、吸收阳光（Absorb the light）、保持热量（Retain the heat）、简单和效率（Ease and Efficiency）以及 _____（Safety）五大要素。

（3）简答题。

1）简要分析一下太阳灶的经济效益、社会效益和生态效益。

2）如何设计太阳能干燥的温控机制，谈谈你的想法。

（4）计算题。相变材料 $Na_2SO_4 \cdot 10H_2O$ 的 $C_s = 1950J/kg \cdot ℃$，$C_1 = 3350J/kg \cdot ℃$，相变潜热为 $2.43×10^5 J/kg \cdot ℃$，相变温度为 34℃，假设该相变材料由 25℃ 升高到 50℃，求储存的总热量。

参 考 文 献

[1]　王华，何方，胡建杭，包桂蓉，马文会. 燃料工业炉用陶瓷与熔融盐复合蓄热材料的制备 [J]. 工业加热，2002 (4)：20-22.

[2]　任雪潭，曾令可，刘艳春，税安泽，王慧，刘平安，宋婧. 蓄热储能多孔陶瓷材料 [J]. 陶瓷学报，2006 (2)：217-226.

[3]　黄金. 融盐自发浸渗过程与微米级多孔陶瓷基复合相变储能材料研究 [D]. 广州：广东工业大学，2005.

[4]　付英. 硬硅钙石基复合相变储能材料的制备及其性能表征 [D]. 广州：华南理工大学，2010.

[5]　夏永鹏，崔韦唯，张焕芝，徐芬，邹勇进，向翠丽，褚海亮，邱树君，孙立贤. 复合相变储能材料的制备及强化传热研究进展 [J]. 现代化工，2017，37 (6)：15-21.

[6]　吕学文，考宏涛，李敏. 基于复合相变储能材料的研究进展 [J]. 材料科学与工程学报，2010，28 (5)：797-800.

[7]　张东，周剑敏，吴科如. 相变储能复合材料的研究和应用 [J]. 节能与环保，2004 (1)：17-19.

[8]　李爱菊，张仁元，周晓霞. 化学储能材料开发与应用 [J]. 广东工业大学学报，2002 (1)：81-84.

[9]　张晓光. 膨胀珍珠岩基复合相变储能材料的制备和性能优化研究 [D]. 北京：中国地质大学，2019.

[10]　廖运平. $MgCl_2 \cdot 6H_2O\text{-}CaCl_2 \cdot 6H_2O$ 复合相变储能材料制备及性能研究 [D]. 长沙：湖南大学，2019.

[11]　王洪亮. 太阳能光热企业引入合同能源管理模式研究 [D]. 济南：山东财经大学，2018.

[12]　刘祥. 川西北嘉绒藏族传统民居建筑形态及其生态性能研究 [D]. 西安：西安建筑科技大学，2015.

[13]　鲍东杰，许光，张晋明，王向宁. 在河北农村地区推广使用太阳能的研究 [J]. 科技信息，2012 (36)：37.

[14]　陈晓夫. 中国太阳灶的发展和应用 [J]. 农业工程技术（新能源产业），2009 (5)：10-13.